VERKEHRSGESCHICHTE

Werner Steinke

Die Rübelandbahn im Harz

trans press

Titelbild: Schlußlok eines Güterzuges auf dem Kreuztal-Viadukt.
Foto: Wolfgang Pischek

Frontispiz: Triebwagen T 4 mit Steuerwagen auf dem Kreuztal-Viadukt.

Alle nicht näher bezeichneten Bilder stammen vom Autor.

Steinke, Werner:
Die Rübelandbahn im Harz. – 2., überarbeitete Aufl.
Berlin: Transpress, 1994. – 176 S.: 178 Abb.,
25 Tab.

ISBN 3-344-70908-9

Borkumstr. 2, 13189 Berlin
2., überarbeitete Auflage 1994
Lektor: Dr. Rolf Neustädt
Einband: Jürgen Schumann
Gestaltung: Regine Bach
Printed in Germany
Satz: Satzstudio MediaSoft, Berlin
Druck: Interdruck Leipzig
Bindung: K. Dieringer, Gerlingen

Vorwort

Der Harzer Ort Rübeland und seine Tropfsteinhöhlen sind weltbekannt. Sie faszinieren ihre Besucher stets aufs neue, durch die Gebilde jahrtausendalter Tropfsteine oder die bizarren Kristalle aus Kalk. Ihre Entstehung verdanken diese Wunder der Natur der sich zwischen Blankenburg-Michaelstein und dem Brockengebiet bei Schierke erstreckenden Elbingeröder Devonmulde. Hier lagern zwischen Granitmassiven die verschiedensten Kalkgesteine. Eine besondere Stellung in dieser Formation nimmt der mächtige Korallenstock zwischen Elbingerode und Neuwerk ein, der als fester, meist kristallinisch marmorhaltiger Kalkstein ansteht. Er ist als Massenkalk entwickelt, das heißt, er ist nicht geschichtet und verdankt seine Entstehung fast ausschließlich dem Aufbau durch die Korallentierchen der prähistorischen Ozeane.

Rübeland und Kalk sind zwei nicht zu trennende Begriffe. Seit Anfang der sechziger Jahre unseres Jahrhunderts hat sich jedoch noch ein dritter hinzugesellt: die Rübelandbahn. Der Bau dieser Harzbahn von Blankenburg über Rübeland nach Tanne war in erster Linie den Eisensteingruben und Kalksteinbrüchen des Harzes zuzuschreiben. Die Eisenerzförderung des Harzes in den Elbingeröder und Hüttenröder Grubenfeldern ist jedoch längst eingestellt. Heute dominiert der Kalk.

Ihre Wertschätzung verdankt unsere Bahn aber auch technischen Faktoren. Ursprünglich errichtet als kombinierte Zahnrad- und Reibungsbahn nach dem System Abt, war sie richtungsweisend für die Anwendung dieses Systems in der Welt. Sie war aber auch führend, als die Zeit gekommen war, dieses System durch den reinen Reibungsbetrieb zu ersetzen. Die Harzbahn entwikkelte sich zur bedeutendsten Eisenbahnstrecke der Halberstadt-Blankenburger Eisenbahngesellschaft, die mit dem Bau der Eisenbahn von Blankenburg nach Halberstadt ihre Existenz begründet hatte.

Das Anliegen dieses Buches ist es, das Werden und das sich stete Verändern der Rübelandbahn darzulegen, ohne allerdings die Gesamtentwicklung der Halberstadt-Blankenburger Eisenbahngesellschaft zu verarbeiten. Dies sollte jedoch

auch nicht gänzlich vernachlässigt werden, was hoffentlich durch die beigefügten Annalen erreicht wird.
Ob es gelungen ist, die Geschichte der Harz- und der Rübelandbahn lückenlos zu ergründen und darzustellen, ist zu bezweifeln. Daß es mir in diesem Umfag überhaupt gelang, verdanke ich vielen Freunden. Mein besonderer Dank gilt Frau Dipl.-Hist. Hannelore Thoß, Herrn Dipl.-Ing. Kurt Wissel sowie Herrn Dipl.-Ethnograph Hans Bauerfeind.
Mein ganz besonderer Dank gilt aber auch den vielen Eisenbahnern und Freunden – namentlich zu nennen die Herren Werner Lindenau † und Walter Krause –, die mir halfen, das Mosaik der vielen geschichtlichen Details zusammenzutragen. Es sind diejenigen, die nicht nur die außergewöhnliche Geschichte der Rübelandbahn in ihren Bann zieht, sondern denen sie ein Stück Lebenswerk ist wie mir selbst.

Werner Steinke

Inhalt

1 Der Harz und sein Eisenstein 8
2 Die Erzstufenbahn 12
3 „Wann bekommen wir eine Eisenbahn?" 16
4 Die Strecke Blankenburg–Halberstadt 20
5 Die Zweigbahn nach dem Hochofenwerk 24
6 Der Entschluß, eine Gebirgsbahn in den Harz zu bauen 26
7 Die Harzbahn nach dem System Abt 31
8 Das System Abt erobert die Welt 67
9 Die Bilanz nach 25 Jahren 70
10 Der Abschnitt Wechsel–Drei Annen Hohne 74
11 Die Erhöhung der Leistungsfähigkeit 76
12 Die 1'E1' der TIERKLASSE 82
13 50 Jahre H.B.E. 93
14 Die Wandlung des Lokomotivparks 95
15 Die neue Strecke Blankenburg–Rübeland 102
16 Triebwagen auf der Steilstrecke 109
17 Die T 20 im Harz 117
18 Die Steilstreckenvorschrift 122
19 Das Chemieprogramm und die Rübelandbahn 125
20 Die Elektrifizierung 130
21 Die Lokomotiven der Baureihe 171 (ex 251) 140
22 Diesellokomotiven auf der Rübelandbahn 143
23 Der elektrische Zugbetrieb 148
24 Die Halberstadt-Blankenburger Eisenbahngesellschaft 151
25 Die Lokomotiven und Betriebsstellen der H.B.E. 156
26 Bedeutende Ereignisse 169
27 Quellenverzeichnis 174

1

Der Harz und sein Eisenstein

Der Harz, das Mittelgebirge zwischen Leine und Saale, erhebt sich, einer Insel vergleichbar, im Norden und Westen mit markanter Stufe aus dem Vorland. Mit einer durchschnittlichen Breite von 30 km, einer Länge von 100 km, den welligen, wenig gegliederten Hochflächen zwischen 300 und 600 m über NN bildet der Harz eine ausgeprägte Scheide zwischen dem nordischen Flachland und den thüringischen Landen.
Geologisch und morphologisch ist er ein in sich abgeschlossenes Ganzes. Seine Waldgrenzen passen sich völlig der eindeutigen Grenzführung an, der Gebirgsrand ist von Flüssen stark zerschnitten. Nur im Südosten, im Gebiet von Hettstedt und Mansfeld, flacht der Harz allmählich ab, so daß mehr von einer Übergangszone als von einer Grenzlinie gesprochen werden kann.
Eindeutig ist die Abgrenzung des Harzes von seinen Vorlanden, weniger die seiner einzelnen Gebiete. Ober- und Unterharz sind gebräuchliche Ausdrücke, jedoch sind sie geographisch nicht klar festgelegt. Die flacheren Gebiete östlich des Brockens werden im allgemeinen als Unterharz bezeichnet, aussagefähiger sind die Bezeichnungen Ost-, Mittel- und Westharz. Diese drei Harzteile sind durch die Linien Thale–Nordhausen und Ilsetal–Brocken–Odertal getrennt.
Lange Zeit, noch bis zum 10. Jahrhundert, war der Harz herrenloses Gut. In seiner Unwegsamkeit und Unwirtlichkeit von niemandem begehrt, war er Bannforst der deutschen Kaiser und nur als Jagdrevier geschätzt und aufgesucht.
Dies änderte sich, als die Bergleute die Schätze des Bodens zu Tage brachten. Auf engem Raum zusammengedrängt, offenbarten sich mächtige Gangzüge von Silber, Blei, Kupfer, Antimon, Eisen, Kobalt und auch Flußspat. Durch die Bergfreiheit, die Erlaubnis für jedermann, im Revier nach Erzen zu suchen und Bergwerke anzulegen, und durch die landesherrlich gewährten sonstigen Freiheiten, wie zinsfreies Holz zur Errichtung von Wohnhäusern oder freies Marktrecht, zogen Bergleute aus verschiedenen Ländern in den Harz. Der bergbauliche Betrieb war anfangs primitiv; mit Hämmern und Keilen, Schlägel und Eisen wurde dem Erz gefolgt.

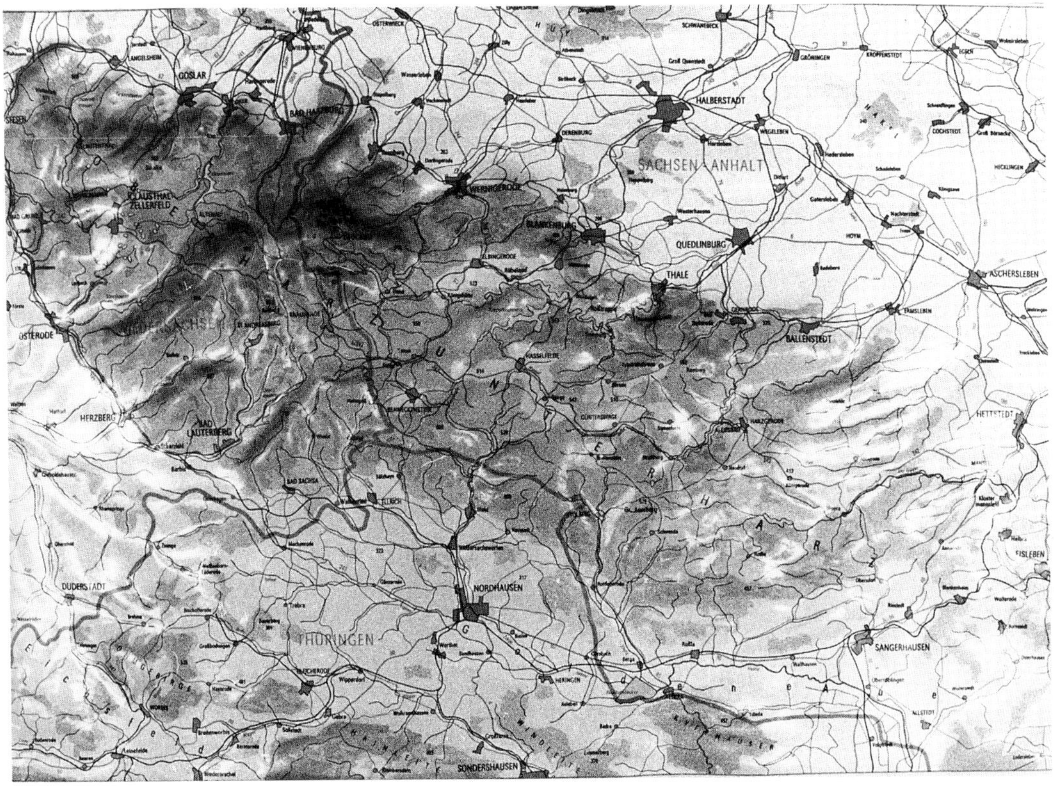

Bis zum 13. Jahrhundert war die Bergfreiheit dieser Form üblich. Ab dieser Zeit nahm sich meist der jeweilige Landesherr das Recht des Eigentums an den abbauwürdigen Mineralien. Zugleich hatte er die Berghoheit und war Bergherr.
Früh entwickelte sich das Zentrum des Harzer Eisensteinbergbaues um Elbingerode und Hüttenrode. Bereits 1203 werden Gruben am Wormbruch, an der Wormke südwestlich von Elbingerode, genannt. Grubenhaue, vor allem aber offene Tagebaue deuten auf die alten Zeiten des Eisensteinbetriebes. Das Kloster Michaelstein nahm sich ebenfalls des Bergbaues an. 1293 erhielt es vom Blankenburger Grafen die Erlaubnis, im Kalten Tal Erz zu suchen.
Seit der Mitte des 15. Jahrhunderts traten die Gewinnung und die Verhüttung des Eisenerzes gegenüber der von Blei und Kupfererzen immer mehr in den Vordergrund. Im 16. Jahrhundert folgte ein weiterer Aufschwung des Hüttenwesens durch die Erfindung des Hochofenverfahrens in Verbindung mit dem allgemein gesteigerten Eisenbedarf. Eine entscheidende Rolle hatte auch die Erfindung des Schießpulvers.

Der Harz
Quelle: Mitteldeutsche Kartographie und Druck GmbH, Sitz Halle (Saale)

Für die feststehenden Öfen wurden Gebläse benötigt, die nicht mehr von Hand anzutreiben waren. Man nutzte die fließenden Wasser, und als Folge des Baues von Hüttenwerken entstanden die Ortschaften Neuwerk, Stiege, Wendefurth, Altenbrak, Rübeland, Königshof, Mandelholz, Elend, Tanne und Sorge. Auch die Orte Rothehütte und Mägdesprung hatten einen gleichgearteten Ursprung, allerdings wurden sie erst nach dem Dreißigjährigen Krieg gegründet.

Rübeland. Kupferstich von Merian um 1650.

Die Hüttenorte entstanden also ausschließlich in den Tälern des Harzes, während die Bergwerksorte sich unmittelbar an den Lagerstätten entwikkelten. So wurden über Jahrhunderte Erze im Harz gefördert und verhüttet. Die Grundlage der Arbeitsweise war das Bergrecht. Dieser Eigenlöhnerbergbau, bei dem der Unternehmer zugleich Arbeiter war, wurde durch die wirtschaftliche Situation des 19. Jahrhunderts aber so negativ beeinflußt, daß das Leben der Menschen mehr als kümmerlich war. Durch die zunehmende Grubentiefe wurde die Gewinnung der Erze schwieriger, die Beseitigung des stärker anstehenden Wassers wurde kostspieliger. Diese kleinen einzelnen Betriebe waren vor allem auch der zunehmenden Industrialisierung nicht mehr gewachsen, so daß diese Nutzungsform der Harzer Eisenerze um 1880 ihr Ende fand.

Die Betriebe der Eisenhütten im gesamten Harzgebiet wurden durch den Fiskus betrieben. Vor allem die abhängige Arbeiterschaft und die billige Holzkohle garantierten eine gewisse Standfestigkeit gegen die Konkurrenz.

Als jedoch Mitte des 19. Jahrhunderts durch die Erfindung des Thomas-Verfahrens die Eisenindustrie an Rhein und Ruhr mit ihren weit billigeren Produkten auf den Markt kam, mußte eine Hütte nach der anderen schließen. Eine zusätzliche Rückwirkung auf den Eisensteinbergbau bewirkte das Überangebot an Erzen, wodurch die Preise sanken und die Gestehungskosten im Harz oft höher als der Erlös waren.

Inzwischen waren Eisenbahnlinien an den Harz herangeführt und hierdurch die bisherigen Absatzgebiete des Harzer Eisens auch für fremde Eisenwaren erschlossen worden. Keine Eisenbahn führte jedoch in den Harz, um Steinkohle und

Koks zu den Hütten zu transportieren, die diese anstelle der immer teurer werdenden Holzkohle dringend benötigten.
Um 1865 stellte der braunschweigische Staat den Betrieb seiner sämtlichen Hochöfen, Hammerhütten, Puddelwerke, Walzwerke, Gießereien und Maschinenfabriken in Rübeland, Neuwerk, Altenbrak, Tanne und Wieda ein und verkaufte sie, wie auch die Eisenerzfelder bei Zorge, Tanne und Hüttenrode, an das Kölner Bankhaus Eltzbacher. Damit wurde das Schicksal dieser Harzorte in Privathand gelegt und viele Familien in eine schwierige Lage gebracht, wenngleich das neue Unternehmen die Verpflichtung übernommen hatte, die zu den Knappschaften gehörigen Hüttenarbeiter weiter zu beschäftigen.
Am 15. November 1870 gründeten das Bankhaus Eltzbacher und die braunschweigischen Berg- und Hüttenwerke die Aktiengesellschaft Harzer Werke zu Rübeland und Zorge.

Harzer Werke zu Rübeland und Zorge.

Wir beehren uns hiermit die Herren Actionaire unserer Gesellschaft zur

ersten ordentlichen General-Versammlung

ergebenst einzuladen, welche **in unserem Geschäftslocale hierselbst** am

Dinstag, den 14. Mai d. J., Vormittags 11 Uhr,

stattfinden wird und für welche nachstehende

Tagesordnung:

1) Geschäftsbericht des Aufsichtsrathes und der Direction,
2) nachträgliche Genehmigung der seitens des Aufsichtsrathes vollzogenen Wahl der Revisoren für das abgelaufene Geschäftsjahr,
3) Bericht der Revisoren und Dechargeertheilung,
4) Genehmigung des Verkaufes des Hüttenwerkes zu »Tanne«,
5) Aufnahme einer Anleihe,
6) Neuwahl des gesammten Aufsichtsrathes (cfr. §. 20 der Statuten),
7) Wahl von 3 Rechnungsrevisoren für das laufende Geschäftsjahr,

festgesetzt ist.

Die Legitimation über den Actienbesitz hat bis zum 11. Mai d. J. einschließlich entweder bei

den Herren **J. L. Eltzbacher & Co.** zu **Köln** oder

unserer Direction hierselbst zu erfolgen, bei welcher auch die Eintrittskarten und Stimmzettel ausgegeben werden.

Rübeland im Harz, den 23. April 1872.

Harzer Werke zu Rübeland und Zorge.
Der Aufsichtsrath.

Inserat in „Braunschweigische Anzeigen".

2

Die Erzstufenbahn

Die Aktiengesellschaft Harzer Werke begann sofort mit der Erschließung der Hüttenröder Eisenerzvorkommen. Zwei neue Stollen wurden angelegt. In Rübeland und Zorge wurden die Betriebsanlagen erweitert.
Nachdem im Jahre 1872 das Bankhaus Eltzbacher auch den östlichen Teil des Hüttenröder Grubenfeldes in seinen Besitz gebracht hatte, konnte auf der außerordentlichen Generalversammlung 1872 der Bau eines Koks-Hochofenwerkes in Blankenburg beschlossen werden. Für den Transport der Erze vom Hüttenröder Feld zum Hochofenwerk wurde eine normalspurige Eisenbahn, Erzstufenbahn oder auch Schurrenbahn genannt, angelegt. Sie nahm ihren Ausgang in Braunesumpf, wo die Erzstollen endeten. Diese ungewöhnliche Bahnausführung wurde gewählt, da die normale Linienführung aufgrund des großen zu überwindenden Höhenunterschiedes finanziell nicht tragbar gewesen wäre.
Terrassenförmig, auf den verschiedenen Höhenstufen angelegt, führte sie durch den Bielsteintunnel in das Tal des Wasserweges und von dort erneut durch Tunnel zur Erzsturzbrücke des Hochofenwerkes. Der Bielstein war durch einen Tunnel mit einer Länge von 465,7 m durchschlagen worden. Er wurde im Grubenbahnprofil gebaut mit einer lichten Weite von 3 m und einer Höhe von 3,5 m über SO bei oberer kreisförmiger Ausrundung. Über diese älteste Industriebahn des Harzes wurde das Erz also dreimal über Schurren abgekippt, bevor es seine Endstation bei Blankenburg erreichte.
Die Bahn verfügte über fünf in der Südharzer Maschinenfabrik in Zorge hergestellte Dampflokomotiven. Auf jeder der vier Stufen war eine Lokomotive stationiert, ein Lokomotivschuppen auf jeder Stufe diente der Unterstellung.
Diese kleinen zweiachsigen Lokomotiven mit stehendem Dampfkessel waren in der Lage, eine Wagenzugmasse von 100 t mit einer Geschwindigkeit von 7 bis 10 km/h zu bewegen.
Bis zum Jahre 1885 versahen diese kleinen Dampfwagen anstandslos ihren Dienst auf der Erzstufenbahn. Mit der Bahn wurde gleichzeitig eine starke gußeiserne Wasserleitung von Brau-

Eisensteinförderung. Tagebau im Holzberg bei Hüttenrode um 1880.
Sammlung Museum Blankenburg

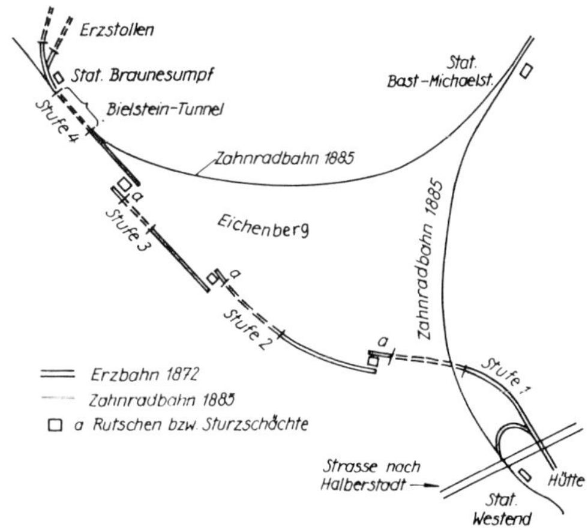

Die Lage der Erzstufenbahn zur späteren Harz-Zahnradbahn.

nesumpf nach dem Hochofenwerk gelegt. Das Wasser lieferte der Bergbau, im Hochofenwerk diente es der Kühlung der Winddüsen des Hochofens und dem Antrieb einer Wasserturbine.

Die ersten drei Stufen der Schurrenbahn mit der Unterführung des Bahndammes im Wasserweg bei Blankenburg.
Modell im Museum Blankenburg.

Tunnelausgang im Wasserweg bei Blankenburg mit Lokomotivschuppen um 1880.
Sammlung Museum Blankenburg

Eine Dampflokomotive der Maschinenfabrik Zorge in Braunesumpf um 1880. Im Hintergrund der Bielsteintunnel.
Sammlung Museum Blankenburg

Das Hochofenwerk mit der Erzsturzbrücke um 1880, Endpunkt der Erzstufenbahn.
Sammlung Museum Blankenburg

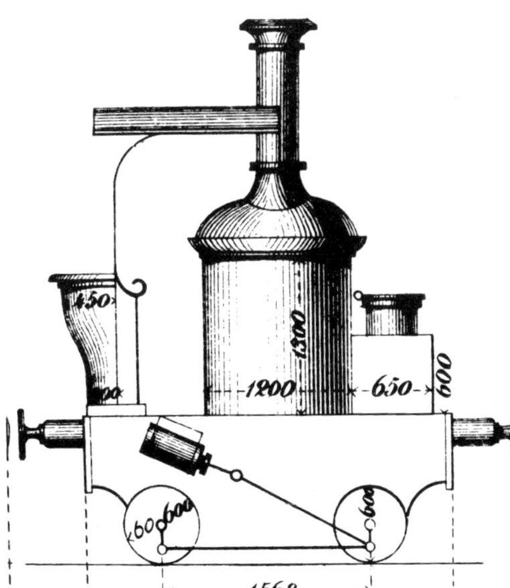

Dampflok nach Bild Seite 14

Zylinderdurchmesser	200 mm
Kolbenhub	250 mm
Rostfläche	0,27 m²
Gesamtheizfläche	27 m²
Anzahl der Heizrohre	104
Masse der leeren Lok	7 500 kg
Reibungsmasse	8 750 kg

3

„Wann bekommen wir eine Eisenbahn?"

Seit dem Jahre 1843 gab es tatsächlich ein Bahnprojekt, das Blankenburg aus dem Dornröschenschlaf erweckt hätte, aber keiner der Bürger wußte, warum es nicht zur Ausführung kam. Mehr als 20 Jahre fragte man bei den Versammlungen des Bürgervereins im Rathaussaal: Wann bekommt Blankenburg die Eisenbahn? Die Reden im Bürgerverein, die Bittschriften an den Landesherren oder an das zuständige Staatsministerium wurden wohlwollend entgegengenommen. Doch man ging wohl zu oft von dem Grundsatz aus, daß ein reger Verkehr nicht durch eine Bahn geschaffen wird, sondern vielmehr schon ein reger Verkehr vorhanden sein muß, um die Anlage einer Bahn zu rechtfertigen.

Am 16. Juli 1843 war die Magdeburg-Halberstädter Eisenbahn dem öffentlichen Verkehr übergeben worden. Bad Harzburg blühte auf, nachdem 1843 die Braunschweigisch-Wolfenbüttler Bahnstrecke bis Bad Harzburg verlängert wurde. 1862 erhielten Thale, 1866 Goslar Bahnanschluß, doch die Blankenburger fuhren nach wie vor mit der Personenpost. Blankenburg zählte 3 800 Einwohner in 822 Haushaltungen, und diese Zahlen hatten sich in den letzten 50 Jahren nicht verändert.

Die Förderung des Bahnprojektes kam von außen, als das schon genannte Bankhaus Eltzbacher & Co in Köln die Harzer Werke A. G. gründete und nun auch ein neues Hochofenwerk in Blankenburg plante. Für die Heranfuhr der Rohstoffe und für ein größeres Absatzgebiet war die Eisenbahn zwingend notwendig. So fand die wiederum aufflackernde Bewegung für das Bahnprojekt nach Halberstadt in dem Chef des Bankhauses, Jakob Eltzbacher, den entscheidenden, weil wirtschaftlich stärksten Helfer. Am 16. April 1870 genehmigte die Braunschweigische Staatsregierung das Statut der Halberstadt-Blankenburger Eisenbahngesellschaft. Das Grundkapital der Gesellschaft wurde auf 800 000 Taler festge-

Die Hochöfen in Blankenburg um 1890.
Sammlung Museum Blankenburg

setzt, das durch die Ausgabe von je 2 000 Stamm-Aktien und Stamm-Prioritäts-Aktien zum Nennbetrag von je 200 Taler gedeckt wurde.
Am 28. Juni 1870 erfolgte am Weinberg, wo ein tiefer Einschnitt herzustellen war, der erste Spatenstich für den Bahnbau. Es hatten sich die Honoratioren der Behörden, des Magistrats, das Offizierskorps des Braunschweigischen Leibbataillons, die Vertreter der Halberstadt Blankenburger Eisenbahn, viele Blankenburger Bürger und auch das Damm'sche Stadtmusikkorps versammelt. Nach der Ansprache des Stadtrats Rittmeyer aus Braunschweig als Vorsitzendem des Verwaltungsrates der H. B. E. fuhr Kreisdirektor Caesar de Dobbeler die erste Karre Erde im Namen des Herzogs fort.
Wenige Wochen später brach der Deutsch-Französische Krieg aus, und der Bahnbau wurde vorerst unterbrochen, aber bald zögernd wieder aufgenommen.
Die Erdmassen des Weinbergeinschnittes wurden für das Planum des Bahnhofs Blankenburg genutzt, zum Bau des Bahnhofsgebäudes wurden die Sandsteinquader aus der Osterstein-Klippe gebrochen. Diese Klippe, zwischen dem Weinberg und dem Regenstein gelegen, eine alte heidnische Opferstätte, wurde vollkommen abgetragen. Als wieder Frieden war, wurden die Arbeiten am Bahndamm verstärkt weitergeführt, und zwei Jahre und zehn Monate nach dem ersten Spatenstich war der Bahnkörper fertiggestellt.
Der Verwaltungsrat der Halberstadt-Blankenburger Eisenbahn legte als Tag der Betriebseröffnung den 1. April 1873 fest. Zu dieser Zeit war es der Bahnverwaltung gelungen, einen Braunschweiger Ingenieur, den am 30. November 1838 in Trautenstein im Harz geborenen Albert Schneider, als Betriebsdirektor zu gewinnen.
Albert Schneider verbrachte seine Schuljahre am Gymnasium Blankenburg und besuchte später das Collegium Carolinum zu Braunschweig. Er war lange Jahre als Obermaschinenmeister der Kursk-Charkow-Asowschen Eisenbahn in Rußland tätig gewesen. Einige Wochen vor der Betriebseröffnung übernahm Albert Schneider das

(517) **Bekanntmachung.**

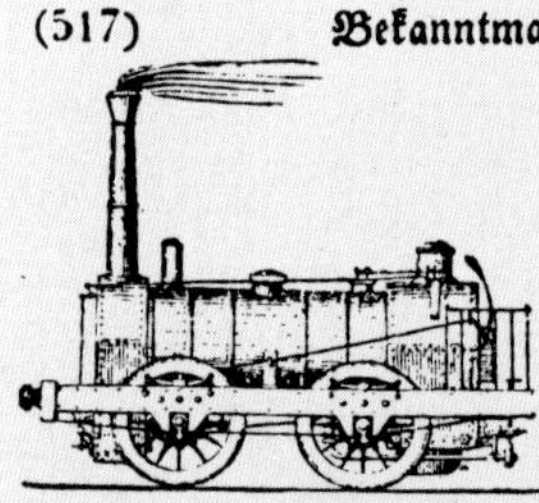

Der Unterzeichnete bringt hiermit zur Kenntniß, daß der Betrieb sowohl für Personen- als Güter-Beförderung auf der Halberstadt-Blankenburger Eisenbahn am

31. d. Mts.

beginnt, und wird bis auf Weiteres die Abfahrt resp. Ankunft der Züge folgende sein.

Abfahrt von **Blankenburg:**	Ankunft in **Halberstadt:**
5^{50} Morgens,	6^{33} Morgens,
10^{45} "	11^{28} "
5^{15} Nachmittags.	5^{58} Nachmittags.
Abfahrt von **Halberstadt:**	Ankunft in **Blankenburg:**
8 Morgens,	8^{50} Morgens,
1^{30} Nachmittags,	2^{20} Nachmittags,
6^{45} Abends.	7^{35} Abends.

Der Billetverkauf und die Güterexpedition findet vorläufig nur von und nach den Stationen der Halberstadt-Blankenburger Eisenbahn statt, wird jedoch binnen Kurzem von Blankenburg aus auch nach den Hauptstationen der Magdeburg-Halberstädter, Magdeburg-Leipziger, Berlin-Potsdamer und der Braunschweigischen Eisenbahn geschehen.

Güter werden nach allen Eisenbahnstationen Deutschlands angenommen, es findet jedoch in Halberstadt ein Umexpediren derselben statt. Güter, die in ganzen Wagenladungen zur Aufgabe kommen und nach Stationen der Magdeburg-Halberstädter Eisenbahn bestimmt sind, werden in Halberstadt nicht umgeladen, Güter jedoch, die über die Magdeburg-Halberstädter Eisenbahn hinaus gehen, werden bis auf Weiteres in Halberstadt in andere Wagen verladen.

Blankenburg, den 27. März 1873.

Der Betriebs-Director
der Halberstadt-Blankenburger Eisenbahn.
A. Schneider.

Inserat der H. B. E. in „Gemeinnütziges Wochenblatt für Blankenburg und den Harz".

Amt des Bahndirektors und vollendete nun gemeinsam mit dem Civil-Ingenieur Heinrich Hecht, dem Erbauer der Halberstadt-Blankenburger Eisenbahn, das für die Stadt Blankenburg so hoffnungsvolle Werk.

Am Tage der Betriebseröffnung, dem 31. März 1873, zeigte sich Blankenburg im Festgewand. Am Nachmittag versammelten sich die geladenen Gäste mit Kreisdirektor de Dobbeler und den Spitzen der Behörden auf dem neuen Bahnsteig. Unter ihnen sah man die dienstfreien Eisenbahnbeamten in nagelneuen Uniformen. Stationsvorsteher Seeger aus Thale, der zur Einschulung des Personals abkommandiert war, erschien in Galauniform der Inspektoren: Waffenrock mit gesticktem Kragen und Epauletten. Auch den Degen hatte er angelegt. Der erste aus Halberstadt kommende Zug, der Eröffnungszug, war schon von weitem zu sehen; denn östlich des Bahnhofs war das Gelände zur damaligen Zeit nicht bebaut. Er wurde mit Musik und Jubel empfangen. An der Spitze des Zuges fuhr die geschmückte Lokomotive LANGENSTEIN, auf dem Führerstand waren Lokomotivführer Hoppe und Lokomotivheizer Ferdinand Alpermann.

Dem Zug entstieg Bahndirektor Schneider, ihm folgten die Mitglieder der braunschweigischen Eisenbahnbehörden: Exzellenz Graf Görtz-Wrisberg, Vorsitzender des Eisenbahn-Commissariats, Oberbaurat Prof. Dr. Hermann Scheffler, die Gebrüder Kybitz und eine Reihe weiterer Vertreter. Auch der alte Obermaschinenmeister Blenkinsop, der, aus England kommend, 1838 die erste Lokomotive von Braunschweig nach Wolfenbüttel gefahren hatte, gehörte zu den Ehrengästen. Die Abgesandten des preußischen Eisenbahnkommissariats wurden angeführt von Geheimrat Freiherr v. Düring.

4

Die Strecke Blankenburg–Halberstadt

Die eingleisige, als Hauptbahn gebaute und ursprünglich auch betriebene Bahn begann in Halberstadt im Gemeinschaftsbahnhof der Magdeburg-Halberstädter Eisenbahngesellschaft und der Halberstadt-Blankenburger Eisenbahn (H. B. E.). Sie umfuhr die Stadt in großem Bogen und führte über Langenstein und Börnecke nach Blankenburg auf der auch heute noch in Betrieb befindlichen Trasse. Die Gesamtlänge des Hauptgleises vom Beginn des Halberstädter bis Ende des Blankenburger Bahnhofs betrug 18,279 km. Davon lagen 12,5 km auf königlich-preußischem und 5,779 km auf herzoglich-braunschweigischem Gebiet. Die Bahn besaß 10,643 km gerade Linien und 7,627 km Kurven, deren Radius zwischen 411 m und 1 828 m variierte.

Die Höhenlage über NN betrug in Halberstadt 112,11 m, in Blankenburg 198,21 m.

Die größte Länge der größten Neigung von 1:100 betrug 3,333 km und lag vor dem Bahnhof Langenstein.

In den Hauptgleisen bestand der Oberbau aus eisernen Vignoles-Schienen. Die Abmessungen der Schienen waren 6,6 m Länge, 130 mm Höhe bei einer Masse von 34,33 kg/m. Auf eine Schienenlänge kamen sieben eichene Querschwellen, die Stöße waren schwebend angeordnet und durch Flachlaschen mit vier Schrauben verbunden.

Am Tage der Betriebsaufnahme waren an Betriebsmitteln vorhanden: die Lokomotiven LANGENSTEIN und ZIEGENKOPF, sieben zweiachsige Personenwagen (Nr. 101 bis 107) mit zusammen 284 Sitzplätzen, davon 16 Plätze 1. Klasse, 64 Plätze 2. Klasse und 204 Plätze 3. Klasse; drei Gepäckwagen, 15 gedeckte sowie 42 offene Güterwagen. Die Personenwagen hatten einen grünen, die Güterwagen einen grauen Anstrich.

Mit den leichten Stütztenderlokomotiven, als Bauart Behne-Kool bekannt, hatte die H. B. E. einen bewährten Lokomotivtyp eingesetzt. Die Hannoversche und die Braunschweigische Staatsbahn verfügten zu damaliger Zeit bereits über 70 solcher Maschinen, teils als Zweikuppler, teils dreifach gekuppelt. Das Besondere dieser Bauart be-

Personenzug auf Bahnhof Langenstein: Stütztenderlokomotive LANGENSTEIN, Personenwagen Nr. 105.

stand darin, daß das überhängende Gewicht des Hinterkessels durch die erste Tenderachse getragen wurde. Lokomotive und Tender waren deshalb mit besonderen Hängeeisen verbunden.
Die Betriebsführung auf der Strecke wurde durch 21 optische Telegraphen, vier Telegraphenapparate der Bauart Morse und 20 Glockenwerke geregelt.
In der abschließenden Betrachtung zu dieser Eisenbahn, die in der weiteren Zeit im Rahmen der

Die Stütztenderlokomotive ZIEGENKOPF
Sammlung Schmidt

Bahnhof Blankenburg a. H.

Personalbestand der H. B. E. im Jahre 1873 und deren Löhne bzw. Gehälter in Reichsthaler (1 Thaler = 3 Mark), Silbergroschen und Pfennig

Uebersicht des Beamten- und Arbeiter-Personals 1873.

	Festangestellte Beamte.		Nicht angestellte Officianten.		Handarbeiter in Tagelohn.			Bemerkungen.
	An-zahl.	Gehalt. Rt.	An-zahl.	Remune-ration. Rt.	An-zahl.	Durchschnitts-Lohn pro Tag. Sgr.	Pfg.	
I. Central-Verwaltung.								
Betriebs-Director	1	1200						Ausserdem freie Wohnung.
Secretair	1	350						
Controleur	1	450						
II. Bahn-Verwaltung.								
Bahnmeister	1	350						
Oberwärter	1	200						Ausserdem freie Wohnung.
Bahnwärter	16	3072						
Hilfswärter					5	18	—	
Weichenwärter	2	384						
Vorarbeiter bei Unterhaltung der Bahn					3	21	4	
Arbeiter					15	17	—	
III. Bahnhofs-Verwaltung.								
Stations-Vorsteher	2	950						Ausserdem freie Wohnung.
Portiers	2	372						
Nachtwächter	2	360						
Koppler, Stations-Arbeiter, Gepäckträger					7	18	7	
IV. Transport-Verwaltung.								
Locomotivführer	2	1050						
Heizer	2	660						
Zugführer, Schaffner und Zugbegleiter	6	1430						
Wagenrevisoren	1	300						
V. Personen-, Gepäck- und Güter-Transport.								
Güter-Expedienten	1	350						
Assistenten	2	590						Einer der Assistenten hat freie Wohnung.
Diätare			1	180				
Bodenmeister	1	250						
Güterboden-Arbeiter					3	17	—	

H. B. E. den Namen „Stammbahn" erhielt, soll auch an die Eisenbahner erinnert werden, die 1873 das Werk in Bewegung setzten. Es sind weniger die Namen als vielmehr die personelle Besetzung des Betriebsdienstes, für den ein Teil von der Magdeburg-Halberstädter Eisenbahn abkommandiert war, ein anderer nur Probedienst tat.

Bahnsteig 1 des Bahnhofes Blankenburg um 1890.

Personenbahnhof Blankenburg mit Empfangsgebäude um 1910. Auf Gleis 1 die Lokomotive DERENBURG, Gleis 3 Wagen Pw/Posti Nr. 132, geliefert 1885.

5

Die Zweigbahn nach dem Hochofenwerk

Für die Inbetriebnahme des großen seit 1872 im Bau befindlichen Hochofenwerkes bei Blankenburg war eine Eisenbahn zum 3 km entfernt gelegenen Bahnhof Blankenburg unbedingt notwendig.
Die Konzession zum Bau und Betrieb dieser Bahnanlage wurde am 30. Oktober 1874 durch Ministerial-Reskript der Herzoglichen Geheimen Kanzlei erteilt. Die H. B. E. forcierte den Bau ungemein, denn fünf Monate vorher, am 31. Mai 1874, hatte sie mit dem Vorstand der Harzer Werke zu Rübeland und Zorge einen Vertrag geschlossen, der die Wirtschaftlichkeit der Bahn sicherstellte:
Die Harzer Werke übernehmen vier Wochen nach Fertigstellung bzw. Eröffnung der Bahn eine Garantie in der Weise, daß ein Verkehr von täglich 3 000 Ztr. (Ztr. = Zentner) oder jährlich 1 095 000 Ztr. auf dieser Zweigbahn stattfinden muß.
Anders formuliert: Die Harzer Werke zu Rübeland und Zorge garantieren der Halberstadt-Blankenburger Eisenbahngesellschaft für diese Zweigbahn eine jährliche Bruttoeinnahme von 41 062 Mark und 50 Pfennig. Würde dieser Betrag nicht erreicht, so wäre der Differenzbetrag an die H. B. E. mit einem Abzug von 25 % für eingesparte Betriebskosten in bar zu zahlen.
Diese Garantie begann am 24. August 1875 und endete 1885 mit der Inbetriebnahme der Harz-Zahnradbahn. Die landes- und bahnpolizeiliche Abnahme zum Hochofenwerk der Harzer Werke, genannt die Hüttenbahn oder auch Hochofenbahn, war am 3. Juli 1875.
Die Bahn verließ den Bahnhof Blankenburg nach Norden und nahm ihre Richtung über eine 400-m-Kurve nach Nordwesten. Die neue Staatsstraße nach Halberstadt wurde rechtwinklig überschritten. Mit einer großen Linkskurve von 350 m Radius wurde das am Rande der Harzberge gele-

Das Hochofenwerk mit der Erzsturzbrücke nach 1885. Im Vordergrund das Gleis der Harz-Zahnradbahn mit der dreiteiligen Abtschen Zahnstange.
Sammlung Museum Blankenburg

gene Hochofenwerk erreicht, auf dessen Hof ein Güterverladebahnhof mit mehreren Gleisen entstand.

Die Bahn, die auf braunschweigischem Staatsgebiet lag, hatte 2,1 km gerade Linien und 1,3 km Kurven von 350 bis 400 m Radius. Die stärksten Neigungen betrugen 1:75 bis 1:60 auf 1,875 km Länge.

6

Der Entschluß, eine Gebirgsbahn in den Harz zu bauen

Durch den Bau der Eisenbahnstrecke Halberstadt-Blankenburg war zwar ein Markstein in der Geschichte Blankenburgs gesetzt, doch der Verkehr entwickelte sich nur zögernd – jedenfalls nicht so, wie es in vielen Trinksprüchen im „Weißen Adler" am Tage der Eröffnung als Wunsch zum Ausdruck gebracht worden war.

Im ersten Betriebsjahr wurden nur 59 407 Personen und 26 456 t Güter befördert. Dies ergab eine Gesamteinnahme von nur 61 178 Mark, wofür allein 37 494 Mark an Gehältern gezahlt werden mußten, darunter 9 216 Mark für 16 Bahnwärter. Doch es ging bergauf. Im Jahre 1875 wurde bereits ein Überschuß erzielt, der aber noch den Verlust des Jahres 1874 von 8 375 Mark decken mußte. Der Güterverkehr erhielt einen großen Aufschwung durch die Hüttenbahn.

Im Mai 1875 wurde bei den Harzer Werken zu Rübeland und Zorge der erste Hochofen angeblasen. Die Qualität des Roheisens berechtigte zu der Annahme, daß der zweite Ofen ebenfalls in Betrieb gehen würde.

Der Geschäftsbericht des Verwaltungsrates der H. B. E. sagt dazu:

„Es consumiert ein Ofen	
pro 24 Std.	1 200 Ctr Cokes
und produziert	800 Ctr Eisen
	2 000 Ctr
Wir bekommen	
für den Transport	10 × 19,50 = 195 Mark
	pro Jahr 71 715 Mark

Wir haben alle Ursache, den Hochöfen eine recht gedeihliche Zukunft zu wünschen."

Im Jahre 1876 waren eine Zeitlang beide Öfen in Betrieb, so daß das günstige Resultat dieses Rechnungsjahres den Hochöfen zuzuschreiben war. Für die Öfen wurden allein 4 620 t Kalk geliefert. Das Jahr 1878 brachte 135 Betriebstage des Hochofens Nr. 1 und 120 Tage des Ofens Nr. 2. 1879 wurde der erste Ofen erst am 31. Juli in Betrieb gesetzt, die Inbetriebnahme des zweiten blieb völlig aus.

Den Einfluß des Hochofenwerkes auf die Leistungen der Gesellschaft verdeutlicht die Tabelle auf Seite 27. Über Jahre sind die Betriebszeiten des

Verkehrsaufkommen der H. B. E.

Jahr	Beförderte Personen	Güterbeförderung Frachtgut t	Eilgut t	Güter zusammen t
1875	91 699	41 632	620	42 252
1876	89 280	42 624	321	42 945
1877	88 281	69 688	506	70 194
1878	83 174	72 282	405	72 687
1879	80 426	68 044	830	68 874

Hochofenwerkes das Barometer der finanziellen Ergebnisse der H. B. E.
Einen günstigen Einfluß auf die Senkung der Betriebsausgaben im Titel Streckenbeaufsichtigung hatte besonders die Umwandlung der als „Vollbahn" betriebenen Bahnlinie nach Halberstadt in eine „Sekundärbahn gemäß Bahnordnung für Eisenbahnen untergeordneter Bedeutung" im Jahre 1877. Durch die Erleichterungen in dieser Bahnordnung konnte eine Reihe bewachter Bahnübergänge aufgegeben und damit die Kosten von 16 551 Mark (1875) auf 8 650 Mark (1879) gesenkt werden. Ob der bis dahin unfallfreie Betrieb negativ von der Auflassung der bewachten Übergänge beeinflußt wurde, läßt sich nicht nachweisen, obwohl der Bericht des Verwaltungsrates für das Jahr 1880 solchen Gedanken nähren mag:
„Ferner ist von unserem Zuge Nr. 5 am 19. September 1880 bei Halberstadt auf einem Überwege ein Knabe von 12 Jahren in Folge seiner Unvorsichtigkeit durch Überfahren getötet und ist dem vollständig tauben Korbmacher aus Derenburg bei Böhnshausen von einem Extra-Güterzuge am 9. Dezember 1880 das rechte Bein abgefahren.
In beiden Fällen hat die Staatsanwaltschaft zu Halberstadt auf unseren Bericht sich nicht veranlaßt gesehen, eine Untersuchung gegen uns oder einen unserer Beamten einzuleiten. Im ersten Falle haben wir 30 M zur Beerdigung, im zweiten Falle 200 M zur Unterstützung der durch die Amputation des Beines erwachsenen Unkosten bewilligt."

Schon längst regten sich Bestrebungen in der Verwaltung der H. B. E., die wirtschaftliche Existenz der Bahn von dem Gedeihen eines einzigen Unternehmens, des Hochofenwerkes, unabhängig zu machen. Insbesondere in Betriebsdirektor Albert Schneider hatte dieser Gedanke seinen eifrigsten Fürsprecher.
Zur gleichen Zeit, Ende der siebziger, Anfang der achtziger Jahre, wurden auch in den braunschweigischen und preußischen Gemeinden des Nordharzes die Bestrebungen der Einwohner nach einer Eisenbahn in den Harz sehr lebhaft. Die verschiedenen Industriezweige – die Förderung und die Verhüttung von Eisenerz, die Forstwirtschaft, die Gewinnung von Schotter und Steinen – konnten durch die hohe Fracht zu einer Eisenbahnstation am Fuße des Gebirges nicht mit Vorteil arbeiten. Das wirkte sich unmittelbar auf die Löhne der Arbeiter aus.
In den Jahren 1874 und 1875 fielen durch Schnee und Windbruch 100 000 Festmeter Holz an. Dieses Holz war selbst zum halben Taxpreis nicht zu verkaufen.
Die hohen Transportpreise zu den Bahnstationen waren auch die Ursache, daß bei der Holzauktion im Oktober 1881 bedeutende Mengen, in Rübeland allein etwa 1 500 Festmeter, unverkauft blieben. Die Transportkosten bis Blankenburg betrugen bis zu einem Drittel des Holzwertes!
In einer ähnlichen Situation wie die Forstindustrie befand sich auch die gesamte Stein- und Eisenerzproduktion. Ein Verkauf mit Vorteil war am Verbraucherort im Flachland nicht möglich.
1881 wandten sich die Bewohner von Blankenburg, Hüttenrode, Rübeland, Neuwerk, Tanne, Hohegeiß und Trautenstein an das Herzogliche Staatsministerium in Braunschweig. So begann ihre Bittschrift:
„Herzogliches Staatsministerium hat den Bewohnern des Harzes so viele Beweise des Wohlwollens und der Fürsorge gegeben, daß die unterthänig Unterzeichneten es wagen, sich mit einer ebenso dringenden als ehrfurchtsvollen Bitte Hochdemselben zu nahen. Sie betrifft den Bau einer Eisenbahn von Blankenburg über Hüttenrode

und Rübeland nach Elbingerode, Rothehütte und Tanne ..."
Vorarbeiten für eine normalspurige Reibungsbahn in den Harz hatte es wiederholt gegeben. Sie scheiterten stets daran, daß bei einer reinen Reibungsbahn mit Maximalneigungen bis 1:40 die Längenausdehnung Erd- und Felsbewegungen sowie Kunstbauten mit hohen Kosten notwendig gemacht hätte. An eine günstige Verzinsung des Anlagekapitals wäre nicht zu denken gewesen, so daß sich auch kein Unternehmer fand.
Im September 1881 richtete das Herzogliche Eisenbahnkommissariat eine Anfrage an den Verwaltungsrat der Halberstadt-Blankenburger Eisenbahn. Er wurde um eine Stellungnahme zu der von den Bewohnern des Harzes in der Bittschrift genannten Eisenbahn ersucht. Allerdings sollte diese, von Rothehütte nach Braunlage führend, Anschluß an die von der preußischen Regierung beabsichtigten Bahn Scharzfeld–Lauterbach nach St. Andreasberg nehmen.
Albert Schneider studierte und prüfte diese Frage sehr eingehend. Das Ergebnis war: Von allen vorgeschlagenen Linien, den Harz von seiner Nordseite zu erschließen und insbesondere Blankenburg mit der preußischen Stadt Elbingerode zu verbinden, bestand nur eine mögliche Trasse, die die Aussicht auf eine wenn auch geringe Verzinsung des Anlagekapitals bot. Es wäre die Linie, die von Blankenburg unter Benutzung der Hüttenbahn zum Forstort Bast-Michaelstein führt und von da über Hüttenrode, Rübeland, Elbingerode weiter nach Rothehütte und Tanne.
Für die Wahl dieser Linienführung waren also einzig und allein finanzielle Gründe ausschlaggebend, obwohl technisch günstigere, aber baulich aufwendigere Lösungen möglich waren.
Die Gebirgsbahn in den Harz auf dieser Trasse zu bauen, verlangte die Anwendung neuer Prinzipien und neuer technischer Erkenntnisse.
Schneider war bei seinen Untersuchungen zu der Erkenntnis gekommen, daß alle derzeit bekannten Zahnradbahnsysteme für die Harzbahn nicht geeignet wären. Vielmehr – erkannte Schneider – würde nur ein Zahnradbetrieb, kombiniert mit Adhäsionsabschnitten, den Bau der Harzbahn

Albert Schneider (1833 bis 1910), Betriebsdirektor der H. B. E., ab 1893 Vorsitzender des Aufsichtsrates.

Roman Abt (1850 bis 1933).

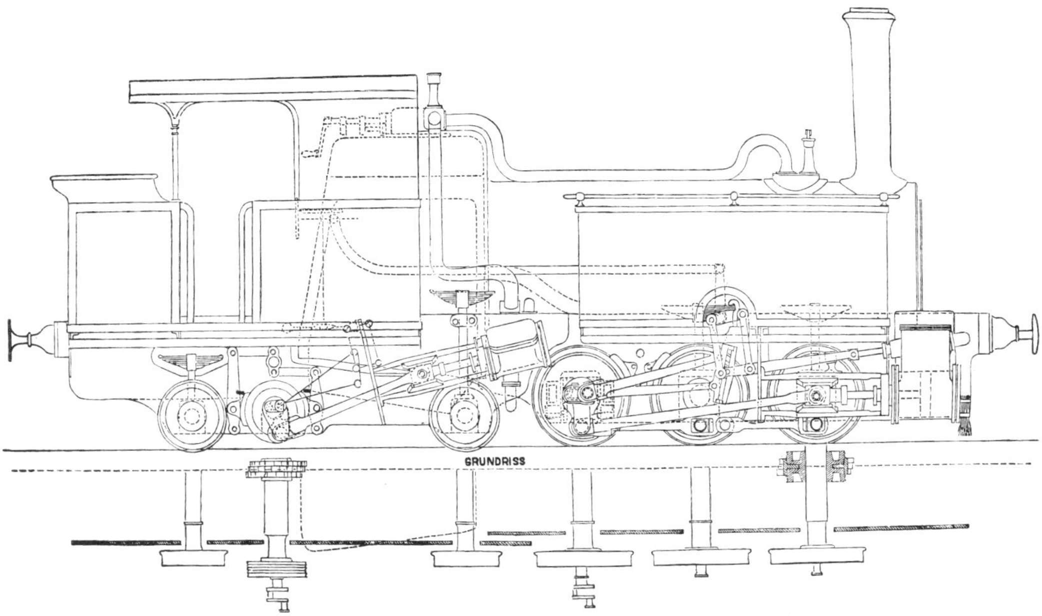

Erster Entwurf einer Lokomotive für die Harzbahn von Roman Abt. Der erste Kuppelradsatz im Hauptrahmen trägt ein Bremszahnrad.

Reibungstriebwerk	
Zylinderdurchmesser	**420 mm**
Kolbenhub	**520 mm**
Treibraddurchmesser	**900 mm**
Zahnradtriebwerk	
Zylinderdurchmesser	**300 mm**
Kolbenhub	**400 mm**
Zahnraddurchmesser	**500 mm**
Heizfläche gesamt	**119 m²**
Rostfläche	**1,75 m²**
Lokomotivmasse mit vollen Vorräten	**46 t**
Reibungsmasse	**36 t**

auf der vorgesehenen Trasse sinnvoll erscheinen lassen.
Diese Studien führten Schneider zu dem damals in Paris lebenden Schweizer Ingenieur Roman Abt. Das Ergebnis der Kontaktaufnahme war ein neues Zahnradbahnsystem mit Lamellenzahnstangen, das zwar noch nicht erprobt, aber durchaus vielversprechend war.
Von Schneider waren die Gesamtkosten der Bahn mit 3,5 Mio. Mark kalkuliert. Das waren bei 27 km Bahnlänge 129 592 Mark je km. Schneider nutzte alle Möglichkeiten, sein Bahnprojekt in der Öffentlichkeit vorzustellen und zu verteidigen, um so den Kreis derer zu vergrößern, die für den Bau eintreten würden. So sprach er zum Beispiel in der Sitzung des Architekten- und Ingenieurvereins am 31. Oktober 1881 in Blankenburg, oder er referierte über „Die Zahnrad-Eisenbahn und ihre Anwendung auf den Harz" in der Versammlung des Vereins für Eisenbahnkunde am 9. Oktober 1883. Er referierte auch über den ersten von Roman Abt vorgelegten Entwurf einer Lokomotive für die Harzbahn. Es handelte sich hier um eine Lok der Bauart Engerth mit drei gekuppelten Achsen im Hauptrahmen. Das Triebzahnrad samt seiner Dampfmaschine waren im nachfolgenden Tendergestell angeordnet.
Diese Lokomotive ist nie ausgeführt worden, doch Jahre später sind in den Werkstätten der Maschinenfabrik Esslingen ähnliche gebaut worden, so die (3/C)D der Andenquerbahn und die (2/B)E der Arica-La Paz Bahn. Wenn auch die Zahnräder dort in einem vorderen Drehgestell an-

geordnet wurden, blieb doch der Abtsche Grundgedanke unverändert.
Am 8. April 1884 beschloß die außerordentliche Generalversammlung auf Vorschlag des Verwaltungsrates der H. B. E. einstimmig, die Eisenbahn von „Blankenburg hinaus über Hüttenrode, Rübeland, Elbingerode, Rothehütte bis Tanne, circa 27 km, unter gewissen Voraussetzungen zu verlängern."
Aus diesem Beschluß war zu folgern, die Harzbahn normalspurig auszuführen, denn die Transportmengen waren mit 18 000 Wagenladungen im Jahr geplant, von denen 8 000 Ladungen über Blankenburg hinaus zu befördern waren. Betriebsdirektor Schneider wurde von verschiedenen Seiten gedrängt, den Bahnbau der geringeren Kosten wegen in Schmalspur auszuführen. Ihm ist es zu danken, daß an der Normalspur festgehalten wurde, eine Entscheidung, deren wirtschaftliche Bedeutung uns erst heute voll bewußt ist.
In der 51. Sitzung des braunschweigischen Landtages war der Gesellschaft ein unverzinslicher Zuschuß in Höhe von 500 000 Mark für die Ausführung der Bahn von Blankenburg nach Tanne zugestanden worden. Wenn diese Unterstützung auch relativ gering war, hat sie doch nicht unwesentlich zu der Bereitschaft der Deutschen Bank, die Geldmittel zu beschaffen, beigetragen. Der Vertrag mit der Deutschen Bank kam am 22. April 1884 zustande. Hiernach standen der H. B. E. 3,5 Mio. Mark sofort nach Konzessionserteilung zur Verfügung.
Die Herren, denen diese Mittel anheim gegeben wurden, bildeten zu dieser Zeit den Verwaltungsrat der H. B. E.:

1. Geheimer Finanzrath a. D. Gravenhorst, Braunschweig (Vorsitzender)
2. Kaufmann Moritz Eltzbacher, Köln (Stellvertreter des Vorsitzenden)
3. Präsident a. D. Jonas, Berlin, Direktor der Deutschen Bank
4. Justitzrath Otto in Blankenburg a./H.,
5. Rechtsanwalt Holland in Braunschweig.

Durch die H. B. E. selbst wurden für 2,5 Mio. Mark Obligationen (mit 4 % zu verzinsen und mit $^1/_2$ % zu amortisieren) sowie für 1 Mio. Mark Stammaktien beschafft.

7

Die Harzbahn nach dem System Abt

Der Bau begann im August 1884. Die Lokomotiven wurden bei der Maschinenfabrik in Esslingen, die Zahnstange bei der Dortmunder Union in Auftrag gegeben. Alles schien in bester Ordnung zu sein, als am 4. Februar 1885, sechs Monate nach Baubeginn, eine Verfügung des Herzoglichen Eisenbahn-Kommissariats einging, in der u. a. folgendes gesagt war:

„Das System betreffend. Wenngleich das für die Zahnradbahn von Blankenburg nach Tanne in Aussicht genommene System von Abt als ein der Theorie nach sachgemäß durchgearbeitetes anzusehen ist, so erübrigt sich doch für die praktische Durchführung desselben, namentlich der vom System beeinflußten besonderen Construction der Locomotive und anderer wesentlicher Betriebseinrichtungen, die Lösung wichtiger Fragen, welche lediglich durch die Erfahrung herbeigeführt werden kann.

Die Aufsichtsbehörde befindet sich daher nicht in der Lage, schon jetzt bezüglich der Anwendung des Abt'schen Systems für die bezeichnete Bahnlinie eine bestimmende Entscheidung abgeben zu können und kann bei dem gegenwärtigen Stande der Angelegenheit nur den Ausbau einer etwa 1 km langen Versuchsstrecke zulassen, nach deren Fertigstellung und Prüfung die weitere Verfügung wegen des Versuchs-Betriebes zu erfolgen haben wird.

Die Behörde behält sich nach den Resultaten dieses Versuchsbetriebes die Entscheidung vor hinsichtlich der Zulassung des Abt'schen Systems überhaupt, als auch über alle konstruktiven Abänderungen an Fahrzeugen, Gleis und Zahnstange, endlich auch bezüglich aller Betriebseinrichtungen und Sicherheits-Vorkehrungen, welche sich als erforderlich herausstellen werden."

Das Reichs-Eisenbahn-Amt hingegen stimmte dem Bau vorbehaltlos zu und erklärte in der Verfügung Nr. 1102 am 14. Februar 1885:

„In Rücksicht auf die besonderen Verhältnisse des vorbedachten Unternehmens und um die Entwicklung der zur Zeit noch im Stadium der Versuche sich befindlichen Zahnradbahnen nicht hinderlich sein zu wollen, erklärt sich das Reichs-Eisenbahn-Amt auf Grund der Bestimmung im § 55

Der Beginn der Zahnstangen-Versuchsstrecke an der Michaelsteiner Chaussee.

Die erste Zahnradlokomotive, Baujahr 1885, der H. B. E., Nr. 62 RÜBELAND, ab 1886 PRINZ ALBRECHT.

der Bahnordnung für Deutsche Eisenbahnen untergeordneter Bedeutung und in der Voraussetzung der Zustimmung der Herzoglich-Braunschweigischen Regierung damit einverstanden, daß für den vorliegenden Fall, abweichend von den Vorschriften des § 6 der genannten Bahnordnung, die zur Anwendung gelangende Zahnstange noch 20 mm in das Normalprofil des lichten Raumes einragt. Auch im Uebrigen sind diesseitige Einwendungen gegen die Herstellung des Oberbaues und der Lokomotiven nach den vorgelegten Projekten nicht zu erheben."

Die geforderte Versuchsstrecke wurde beschleunigt gebaut, und Anfang Mai waren 2,2 km zwischen der Michaelsteiner Chaussee und der Station Bast-Michaelstein fertiggestellt. Zu gleicher Zeit war auch die erste Zahnradlokomotive, abweichend vom ersten Entwurf eine reine Tenderlok, C1'/b n 4 mit hinterer Bisselachse, ausgeliefert. Am 15. und 16. Mai 1885 fanden die ersten Versuchsfahrten statt. Das Ergebnis ist dem Blankenburger Kreisblatt vom 20. Mai 1885 zu entnehmen. Die offizielle Abnahme und die Probefahrt auf der Versuchsstrecke fanden dann am 30. Juli 1885 statt. Am 22. August ging bei der H. B. E. das Genehmigungsschreiben ein:

„Nachdem am 30. Juli d. J. auf einer 2,2 km langen und betriebsfähig fertig gestellten Probestrecke der Blankenburg-Tanner Bahn die in meiner Verfügung Nr. 89 vom 21. Februar cr. vorbehaltenen Untersuchungen und Versuchsfahrten vorgenommen wurden, benachrichtige ich Sie hiermit ergebenst, daß ich die vorgelegten und mittels der oben bezeichneten Verfügung zurückgegebenen Projecte für die Construktion des Oberbaues, die Anwendung des Abt'schen combinirten Adhäsions- und Zahnstangen-Systems nebst den demselben eigenthümlichen Zahnstangen-Einfahrten und der zugehörigen combinirten Zahnrad-Lokomotive mit den, in mehrerwähnter Verfügung vorgeschriebenen und in Gemäßheit der angestellten Untersuchungen auf der vorgeführten Probestrecke zur Ausführung gebrachten Modificationen damit zur endgültigen Verwendung für die ganze Bahnstrecke unter den nachfolgenden Bedingungen genehmige.

Locales.

Blankenburg, 19. Mai 1885.

— (Auf der Harzbahn) wurde am Freitag der erste Fahrversuch mit der Zahnradlocomotive „Rübeland" im Zahnradbetriebe gemacht. Derselbe ist in jeder Weise befriedigend ausgefallen und konnte demzufolge nunmehr auch der Versuch mit einem Lastzuge gemacht werden. Im Beisein des Herrn Roman Abt aus Paris, dem Erfinder dieses Systems, des Herrn Lindner von der Direction der St. Gotthardbahn und des Herrn Theurer, Director der Eßlinger Maschinenfabrik, welcher die Locomotive und die Zahnstangen gebaut, ließ Herr Director Schneider am Sonnabend den ersten Zug mit 6 beladenen Lowris die mit Zahnstangen versehene Strecke bei dem Hüttenwerk passiren, und siehe da — es klappte Alles, die hochgespanntesten Erwartungen wurden übertroffen, die Maschine überwand mit Leichtigkeit und größter Sicherheit die nicht geringe Steigung und lieferte dadurch den besten Beweis, daß das combinirte Zahnrad- und Adhäsionssystem, das zum ersten Male auf Grund und Boden Blankenburgs und des Harzes Anwendung findet, sich in der erhofften Weise bewähren wird. — Wie wir hören, werden demnächst verschiedene im Eisenbahnfach hochgestellte Persönlichkeiten nach hier kommen, um das neue Zahnradsystem in Augenschein zu nehmen. — Indeß herrscht auf der ganzen Strecke die regste Thätigkeit, um, wenn möglich, bis zum Herbst die Strecke Blankenburg-Rübeland dem Verkehr, wenn auch event. vorerst nur dem Güterverkehr, eröffnen zu können. Der Rübeländer und der Bielsteintunnel gehen ihrer Vollendung entgegen, die Bahnhofsgebäude in Hüttenrode und Rübeland werden demnächst in Angriff genommen werden, zu letzteren müssen bedeutende Erdmassen bewegt und der Sägemühlen-Canal in beträchtlicher Länge überwölbt werden. Auch auf der Strecke Rübeland-Elbingerode schreiten die Arbeiten rüstig vorwärts. Die hier vorkommenden zahlreichen Brücken und Durchlässe sind der Cementbau-Gesellschaft B. Liebold u. Co. in Holzminden übertragen.

Das „Blankenburger Kreisblatt" zur ersten Versuchsfahrt.

1. In den Curven der Zahnstangenstrecken soll zwar Spurerweiterung stattfinden, jedoch darf solche selbst bei den kleinsten, zur Anwendung kommenden Krümmungsradien das Maß von 7 mm nicht übersteigen. Auf die Spurerweiterung der in den Adhäsionsstrecken gelegenen Curven findet diese Vorschrift keine Anwendung; für diese Strecken kommen vielmehr die anderweit gegebenen bezüglichen Bestimmungen zur Ausführung.
2. Die Zahnstangen-Einfahrten, welche auf der untersuchten Probestrecke angemessen functionieren, sind, den auf dieser Strecke ausgeführten entsprechend, in den Zähnen angemessen abzurunden, sowie den unterstützenden Spi-

ralfedern in der gegenwärtig ausgeführten Weise in ihrer Anzahl zu vermindern und ihre Widerstandsfähigkeit bis zu dem erforderlichen Grade abzuschwächen. Die offenen Vertiefungen neben den Zahnstangeneinfahrten sind mit solidem und sicherem Bretterverschlusse zu versehen.

3. Die Zahnstangen-Einfahrten sind dem Lokomotivführer durch ein festes Signal, welches sich bei der Einfahrt in die Zahnstange stets rechts vom Gleise, etwa 3 Meter über der Schienenoberkante, der Mitte des beweglichen Einfahrtsstückes gegenüber befinden soll, kenntlich zu machen. Das Signal hat aus einer kreisförmigen Scheibe aus mattem, weißem Glase, welche in der Richtung der Einfahrt in schwarzer Farbe den Buchstaben E, in Richtung der Ausfahrt den Buchstaben A deutlich ersehen läßt, zu bestehen und ist beim Eintritt der Dunkelheit durch eine einzusetzende Laterne zu erleuchten. Der Vorlegung einer Specialzeichnung für diese Signale sehe ich entgegen.
4. Bei der Locomotive erweist sich die Blindachse, welche zur Unterstützung der Sulzer'schen Hebel dient, als zu schwach und ist solche sowohl bei der zu den Probefahrten benutzten, sowie auch bei den anderweit noch zu beschaffenden Zahnrad-Locomotiven angemessen und ausreichend zu verstärken, resp. von widerstandsfähigerem Materiale anzufertigen.
5. Endlich hat zunächst die Bauverwaltung demnächst die Betriebsverwaltung den noch unregelmäßigen und ungleichförmigen Eingriff der Zahnräder in die Zahnstange, welcher durch die noch nicht bemerkbare Wirksamkeit der elastischen Zahnräder Ausgleichung bislang nicht erfahren hat, sorgfältigst zu beobachten und dem Verhalten aller dabei in Frage kommender Constructionstheile die größte Aufmerksamkeit zuzuwenden.

Indem ich Ihnen hierneben gleichzeitig

a Abschrift der Registratur vom 5. d. Mts., die Ausführung der Untersuchungen und Fahrproben vom 30. d. Mts., sowie Zusammenstellungen der Ergebnisse derselben und Folgerungen hinsichtlich der zu erlassenden Betriebsvorschriften enthaltend, nebst einem zugehörigen Berichte des Ober-Ingenieurs Clauß vom 5. d. Mts.,

b Abschrift der Registratur vom 18. d. Mts., die am 17. d. Mts. über die erforderlichen Betriebsvorschriften geführten Verhandlungen betreffend.

zur gefälligen Kenntnisnahme zugehen lasse, ersuche ich Sie, den von Ihnen nach Lage der Bauausführung in Aussicht genommenen Zeitpunkt der Betriebseröffnung auf der zunächst zu wollenden Theilstrecke der Bahn baldigst hier zur Anzeige zu bringen und derselben ein-

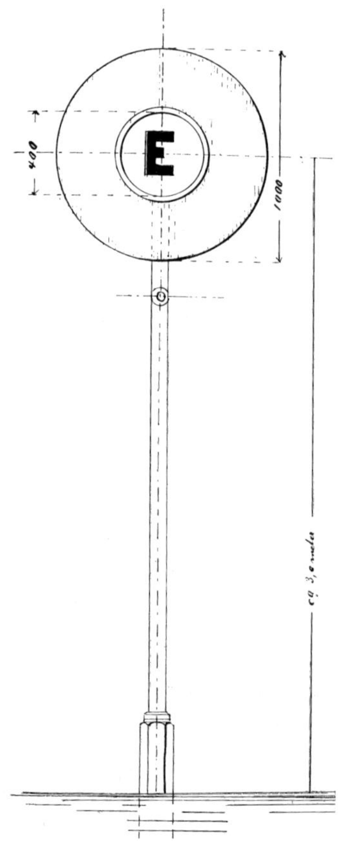

Das vom Herzoglichen Eisenbahn-Kommissariat vorgeschriebene Signal „Zahnstangenende".

gehende Mittheilung über die Art des zuerst zu führenden Betriebes bezw. die beabsichtigte Zusammensetzung der zu befördernden Züge anzufügen, damit ich in der Lage bin, zeitig die erforderlichen Betriebsvorschriften der Genehmigung des Herzoglichen Staatsministeriums eventuell der Kenntnisnahme des Reichs-Eisenbahn-Amtes unterbreiten zu können.

Braunschweig, den 20. August 1885.
Herzogliches Eisenbahn-Commissariat. Kybitz"

Der Bau der Harzbahn wurde zügig weitergeführt. Die Bahn mit einer Gesamtlänge von 27,197 km wurde abteilungsweise eröffnet, und zwar am 1. November 1885 bis Rübeland, am 1. Mai 1886 bis Elbingerode, am 1. Juni 1886 bis Rothehütte und schließlich am 15. Oktober 1886 bis Tanne.

Die Linienführung der Harzbahn Blankenburg–Rübeland–Elbingerode–Tanne.

Die Linienführung

Bei der Wahl der Trasse bestand die Grundbedingung, die Eisenerzlager im Braunesumpftal bei Hüttenrode und die großen Kalksteinlager bei Rübeland, die sich bis Elbingerode hinziehen, durch die Eisenbahn unmittelbar zu erschließen. Die Bahn von Blankenburg nach Elbingerode und weiter nach Tanne wurde deshalb über Hüttenrode und Rübeland geführt, wenngleich die direkte Verbindung Blankenburg–Elbingerode technisch einfacher herzustellen gewesen wäre. Andererseits ergaben sich aus diesen Bedingungen die Einbeziehung der Hüttenbahn zu den Hochöfen der Harzer Werke in Blankenburg mit einer Länge von 3,4 km und die Nutzung des Bielsteintunnels der Erzstufenbahn für die neue Harzbahn. Es waren vor allem die großen Höhenunterschiede der von der Bahn zu berührenden Orte und das ziemlich steil abfallende Gebirge des Nordharzrandes, die die Schwierigkeiten der Trassenfindung und später des Baues prägten. Blankenburg liegt 198 m, Hüttenrode 477 m über NN. Es war somit bei 4,8 km Luftlinie zwischen beiden Orten ein Höhenunterschied von 279 m zu überwinden. Unter Berücksichtigung all dieser Zwangspunkte kam es zur Anlage der Spitzkehre Bast-Michaelstein.

Das Planum wurde eingleisig hergestellt. Für die Adhäsionsstrecken wurden Neigungen bis 1:25, für die Zahnstangenstrecken bis 1:16,6 zugelassen, Krümmungen mit Radien unter 300 m sollten möglichst vermieden werden. Bei den Tallagen der Ortschaften Rübeland, Elbingerode und Rothehütte mit beidseitigen steilen Felswänden war das nicht immer realisierbar; meh-

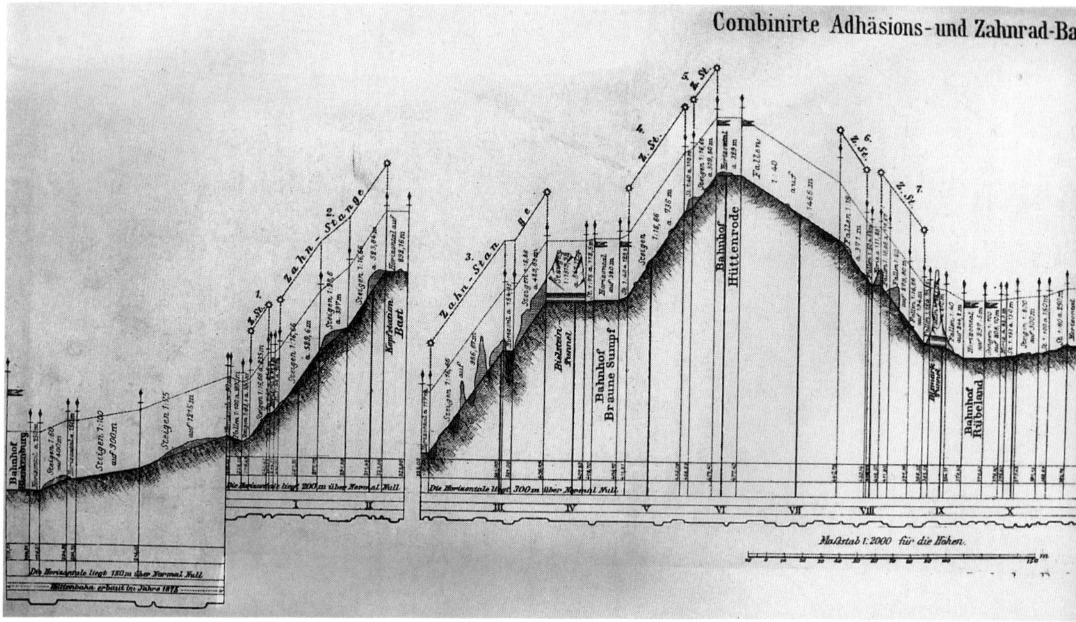

Das Längsprofil

rere Abschnitte der Adhäsionsstrecke mußten mit Radien von 200 bis 250 m, geringfügig auch mit 180 m, ausgeführt werden.
Nachfolgende Zahlen charakterisieren die Bahn in den Einzelheiten.
Die Entfernung beträgt:

von Mitte Bahnhof Blankenburg bis zur Abzweigstelle der Hüttenbahn	3,4 km
von dieser Abzweigung bis Bast-Michaelstein	2,2 km
von Bast-Michaelstein nach Braunesumpf	2,6 km
von Braunesumpf nach Hüttenrode	1,7 km
von Hüttenrode nach Rübeland	3,6 km
von Rübeland nach Elbingerode	3,8 km
von Elbingerode nach Rothehütte	6,4 km
von Rothehütte nach Tanne	6,8 km
insgesamt	30,5 km

Die Planumshöhe, bezogen auf den Normalpunkt, ist auf den Bahnhöfen:

Blankenburg	198,21 m
Hütte	230,22 m
Bast-Michaelstein	323,00 m
Braunesumpf	408,70 m
Hüttenrode	477,40 m
Rübeland	378,20 m
Elbingerode	442,00 m
Wechselstation	503,50 m
Rothehütte/Königshof	431,12 m
Tanne	460,20 m

Die Bahn (ohne Hüttenbahn) besitzt:

gerade Linien	13,16 km	
Kurven	14,04 km	
davon	0,37 km	mit 180 m Halbmesser
	11,83 km	mit 200 bis 300 m Halbmesser
	1,64 km	mit 350 bis 1 000 m Halbmesser
horizontale Strecken		6,52 km

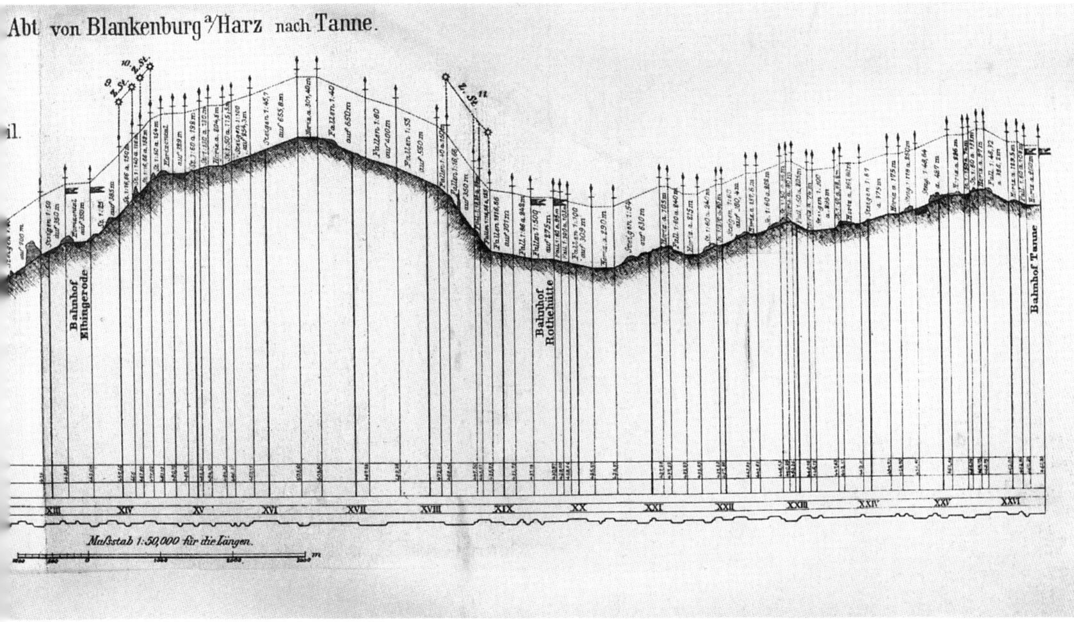

Neigungen		20,68 km
davon	1:700 bis 1,67	4,63 km
	1: 60 bis 1:40	9,54 km
	1: 25 bis 1:16,6	6,51 km.

In den Neigungen 1:16,6 bis 1:25 gibt es elf Zahnstangenabteilungen mit einer Länge von:

1. 0,320 km
2. 1,523 km
3. 1,662 km
4. 0,788 km
5. 0,307 km
6. 0,459 km
7. 0,674 km
8. 0,294 km
9. 0,575 km
10. 0,227 km
11. 0,645 km

7,474 km

Die Summe der erstiegenen Höhen beträgt:

Richtung Blankenburg–Tanne	433,69 m
Richtung Tanne–Blankenburg	171,70 m.

Der Oberbau und die Kunstbauten

Der Oberbau der gesamten Strecke war mit 30-kg/m-Stahlschienen und Stahlschwellen aufgebaut. Holzschwellen wurden nicht verwendet, da sie nicht die Gewähr einer unveränderten Lage von Zahnstange und Schiene gaben. Zur Schienenbefestigung wurde das System der Bergisch-Märkischen Eisenbahnen mit Keilbefestigung gewählt.

Die Schwellen waren an beiden Enden umgebördelt; weiterhin waren im Abstand von 750 mm Winkel untergenietet: Es sollte ein Verschieben der tragenden Kiesbettung zur Gleismitte mit Sicherheit vermieden werden, um ein Durchbiegen der Schwelle und der Zahnstange auszuschließen. Die Mitte der Schwelle trug auf den Zahnstangenstrecken die Unterstützungsstühle der Zahnstange.

Die Schwellenteilung war für die Adhäsionsstrecken nach den üblichen Regeln vorgenommen worden: Da die Stöße schwebend angeordnet waren, betrug hier die Schwellenteilung 550 mm, zur Mitte nahm sie bis auf 970 mm zu. Für die Zahnstangenstrecken mußte die Teilung

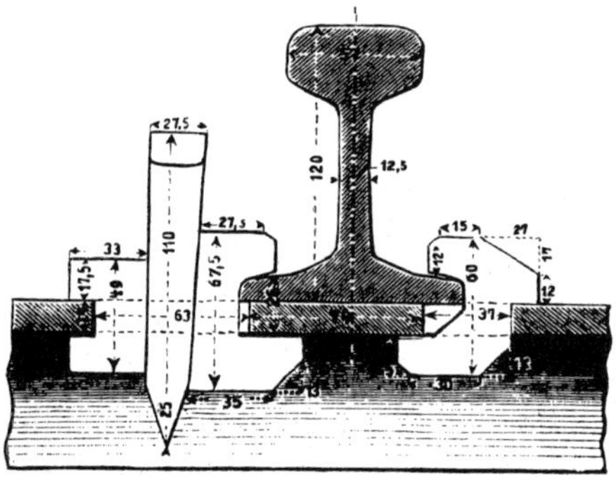

Innere Curvenschiene bei 13 mm Spurerweiterung.

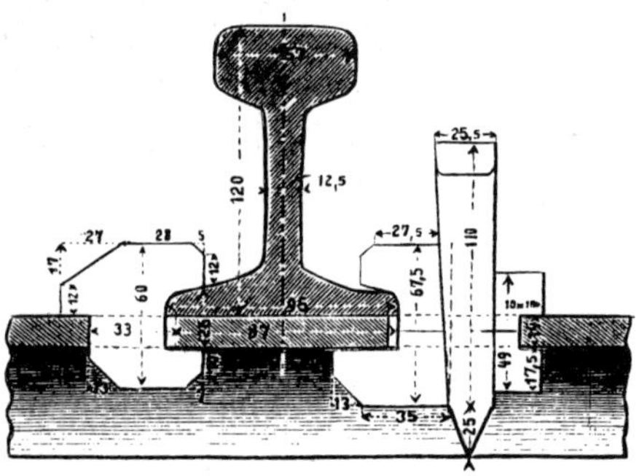

Schiene in der graden Strecke und äuſsere Curvenschiene.

Die Befestigung der Schienen auf den Stahlschwellen.

konstant 880 mm sein; sie ergab sich aus der Länge eines Zahnstangensegments von 2 640 mm. Die Schienenlängen betrugen im Durchschnitt 7 035 mm.

Abhängig von den Radien der Kurven und den zugelassenen Fahrgeschwindigkeiten wurden Schienenüberhöhungen durch Anheben des äußeren Stranges eingebaut. Die Überhöhung wurde nach der Formel $K = 150 \frac{V^2}{R}$ errechnet, worin V die Geschwindigkeit in m/s und R der Radius in m bedeuten. Für die Zahnstangenstrecke wurde eine Geschwindigkeit von 3,5 m/s, für die Adhäsionsstrecke von 8,3 m/s vorgegeben.

In den Kurven wurde weiterhin eine Spurerweiterung durch Abrücken der inneren Schiene vorgesehen. Technisch realisiert wurde die Spurerweiterung durch verschiedenartige Schienenbefestigungsmittel. Die Schiene des äußeren Stranges und die Zahnstange sind überall in gleichem Abstand befestigt. Die Spurerweiterung beträgt

– über 601 m Radius: 0 mm
– 600 bis 401 m Radius: 7 mm
– 400 bis 180 m Radius: 13 mm.

Interessant ist gleichfalls, daß die Ausrundungsra-

Ein- und Ausfahrt der Spitzkehre Bast-Michaelstein um 1895.

Kreuzungs- und Erzverladestation Braunesumpf mit dem Mundloch des Bielsteintunnels um 1895. Die Erzwagen sind bespannt mit der Zahnradlokomotive BROCKEN, der späteren VON CRAMM-BURGDORF

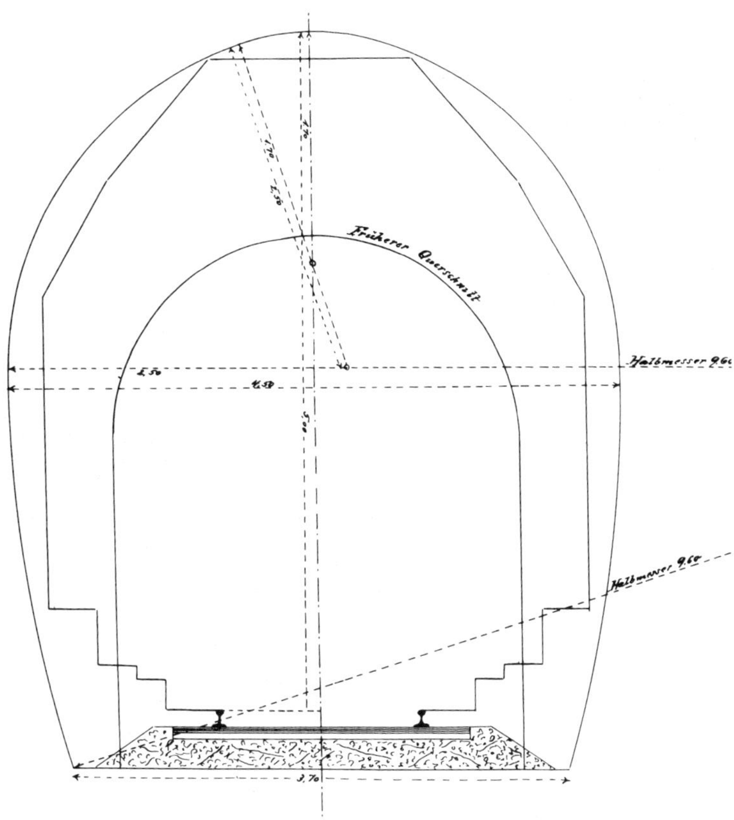

Bielsteintunnelprofile für die Erzstufenbahn und für die Harzbahn.

dien bei Gefällewechsel grundsätzlich mindestens 2 000 m betrugen.
Die Befestigung der Schienen und Zahnstangen auf den eisernen Querschwellen erfolgte mit Krampen, Schlußstücken und Keilen. Die Keile durften nur mit einem leichten Hammer (1 kg) so fest eingeschlagen werden, daß sie der Bewegung und dem Anziehen widerstanden.
Die Bahnlinie bis Rübeland wurde in einer Bauzeit von nur 15 Monaten fertiggestellt, obwohl zwei Tunnel, der 465,7 m lange Bielsteintunnel und der 186,5 m lange Bismarcktunnel, hergestellt werden mußten. Diese kurze Bauzeit war aber nur möglich, da der Bielsteintunnel schon im Grubenbahnprofil durch die Erzstufenbahn betrieben wurde.

Das obere Portal des Bismarcktunnels um 1895 mit dem Signal „Ende der Zahnstange".

Eisenbahnbrücke über die Kalte Bode und die Chaussee Elbingerode–Elend am Ortsrand Rothehütte um 1895. Die aus unbehauenem Bruchstein errichtete Brücke wurde im zweiten Weltkrieg zerstört.

Grundlage für die Nutzung dieses Tunnels war ein Vertrag zwischen den Harzer Werken und der H. B. E. Hiernach stellten die Harzer Werke den Bielsteintunnel ihrer Zechenbahn für den Bahnbau der Harzbahn zur Verfügung. Es wurde vereinbart, die Erweiterungsarbeiten des Tunnels nur in den Nachtzeiten vorzunehmen und die Bahnstrecke im Tunnel wie auch im Braunesumpftal von morgens 6 Uhr bis abends 6 Uhr für den Erztransport freizuhalten.
Bei dem den Harzer Werken gehörenden Kalksteinbruch im Gelände Garkenholz richtete die H. B. E. eine Haltestelle ein und legte auf ihre Kosten ein Seitengleis. Auch auf dem Hof der Verkohlungsanstalt in Rübeland und auf dem Hüttenhofe baute die H. B. E. Seitengleise.
Der Bismarcktunnel bei Rübeland durchbrach einen Bergrücken des Nebelsholzes. Der Tunnel erhielt seinen Namen nach dem Reichskanzler Otto Fürst von Bismarck, der am Tage des Tunneldurchbruchs, am 1. April 1885, 70 Jahre alt wurde.
An Kunstbauten mußten ferner errichtet werden:

- die über die Kalte Bode und über die Chaussee von Elbingerode nach Elend führende Brücke bei Rothehütte.
  Diese Brücke steht mit ihren vier Öffnungen in einem Winkel von 60° zur Bode. Bemerkenswert ist die Fahrbahnneigung von 1:16,6. Das Bauwerk wurde, wie auf der Bahn allgemein üblich, aus unbehauenen Bruchsteinen in Zementmörtel ausgeführt;
- die aus zwei Öffnungen von je 6,05 m lichter Weite bestehende Brücke über den Freiflutgraben am westlichen Ende des Dorfes Rübeland. Diese Brücke hat eine Winkellage von 45° zum Graben;
- die ebenfalls mit einem Winkel von 45° schräg gewölbte Brücke über den Obergraben bei Rübeland mit einer Stützweite von 7,5 m.

Weiterhin wurden 55 kleine Brücken, Durchlässe und Kanäle von 4 bis 0,6 m lichter Weite in einer Gesamtlänge von 1 087 m und 62 Zementrohrdurchlässe in einer Länge von 605,8 m hergestellt.
Bei diesen Bauten wurden die leicht erhältlichen, wetterfesten Bruchsteine mit Fundorten in der näheren Umgebung verwendet. Die Steine wurden nur wenig bearbeitet, aber mit „vorzüglichem Mörtel eingesetzt".

Ortseingang Rübeland aus Richtung Elbingerode mit Eisenbahntrasse und Brücke über den Obergraben um 1895.

Die Zahnstangen

Auf Anregung Albert Schneiders aus Blankenburg entwickelte Roman Abt die Lamellenzahnstange. Das Ergebnis waren eine größere Laufruhe, eine höhere Sicherheit und die Übertragung höherer Zugkräfte gegenüber dem System Riggenbach. Abt löste technisch auch den Übergang von der Adhäsions- zur Zahnstangenstrecke und konstruierte funktionsfähige Weichen in Zahnradstrecken. Im Jahre 1882 wurden Roman Abt auf seine neue mehrteilige Zahnstange für Zahnradbahnen das französische Patent und zum Jahresende 1883 auch das deutsche Patent erteilt. Ihre Premiere feierte die Erfindung auf der Harzbahn. Von hier aus trat sie als „System Abt" ihren Siegeszug um die Welt an.

Die Zahnstange von Abt hat drei parallel angeordnete Lamellen, jede Lamelle ist evolventenverzahnt mit einer Zahnteilung von 120 mm. Ein Klemmen des Zahnrades in der Zahnstange ist nicht möglich, da bei der Zahnteilung von 120 mm die Zahnstärke 56 mm und die Zahnlücke demzufolge 64 mm betragen. Die Befestigung auf der Schwelle erfolgt analog der Schiene mit Haken und Keilen.

Die Herstellung der Zahnstangen wurde bei der Union in Dortmund in Auftrag gegeben und zwar mit folgenden Fertigungstoleranzen:

- in der Zahnstangenlänge 2640 mm ± 2 mm,
- in der Zahnteilung 120 mm ± 0,5 mm.

Um die Sicherheit gegen Zahnbruch zu ermitteln, wurden im Februar und März 1885 eingehende Untersuchungen vorgenommen. Das Material wurde auf Biegung und Abscheren geprüft. Zerreißversuche ermittelten die Materialgüte.

Die Versuche von Prof. Bauschinger ergaben, daß ein sehr weicher und zäher Flußstahl verwendet worden war, der bei dem gleichzeitigen Eingriff von fünf Zähnen beider Zahnräder der Lokomotive eine etwa 40fache Sicherheit gegen Abscheren der Zähne garantierte.

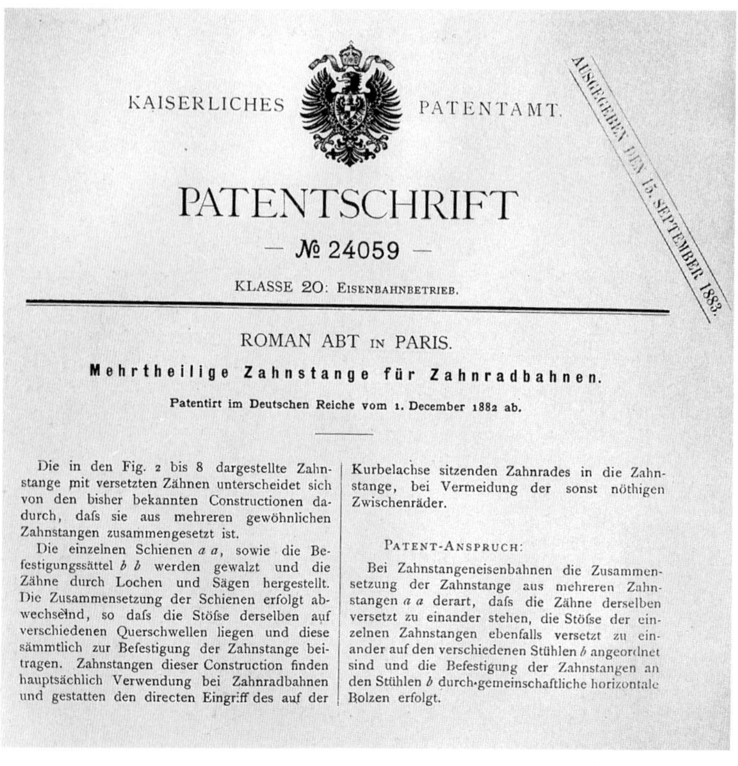

KAISERLICHES PATENTAMT.

AUSGEGEBEN DEN 15. SEPTEMBER 1883.

PATENTSCHRIFT

— № 24059 —

KLASSE 20: EISENBAHNBETRIEB.

ROMAN ABT IN PARIS.

Mehrtheilige Zahnstange für Zahnradbahnen.

Patentirt im Deutschen Reiche vom 1. December 1882 ab.

Die in den Fig. 2 bis 8 dargestellte Zahnstange mit versetzten Zähnen unterscheidet sich von den bisher bekannten Constructionen dadurch, dafs sie aus mehreren gewöhnlichen Zahnstangen zusammengesetzt ist.

Die einzelnen Schienen *a a*, sowie die Befestigungssättel *b b* werden gewalzt und die Zähne durch Lochen und Sägen hergestellt. Die Zusammensetzung der Schienen erfolgt abwechselnd, so dafs die Stöfse derselben auf verschiedenen Querschwellen liegen und diese sämmtlich zur Befestigung der Zahnstange beitragen. Zahnstangen dieser Construction finden hauptsächlich Verwendung bei Zahnradbahnen und gestatten den directen Eingriff des auf der Kurbelachse sitzenden Zahnrades in die Zahnstange, bei Vermeidung der sonst nöthigen Zwischenräder.

PATENT-ANSPRUCH:

Bei Zahnstangeneisenbahnen die Zusammensetzung der Zahnstange aus mehreren Zahnstangen *a a* derart, dafs die Zähne derselben versetzt zu einander stehen, die Stöfse der einzelnen Zahnstangen ebenfalls versetzt zu einander auf den verschiedenen Stühlen *b* angeordnet sind und die Befestigung der Zahnstangen an den Stühlen *b* durch gemeinschaftliche horizontale Bolzen erfolgt.

Zahnstange von Abt. Blatt 1 der Patentschrift.

Zahnstange von Abt. Blatt 2 der Patentschrift.

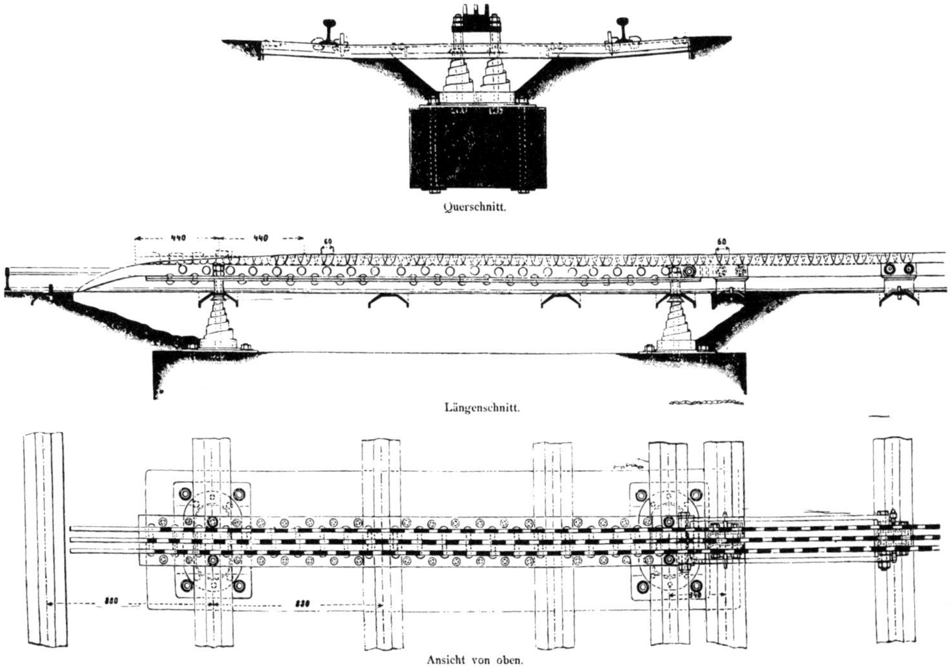

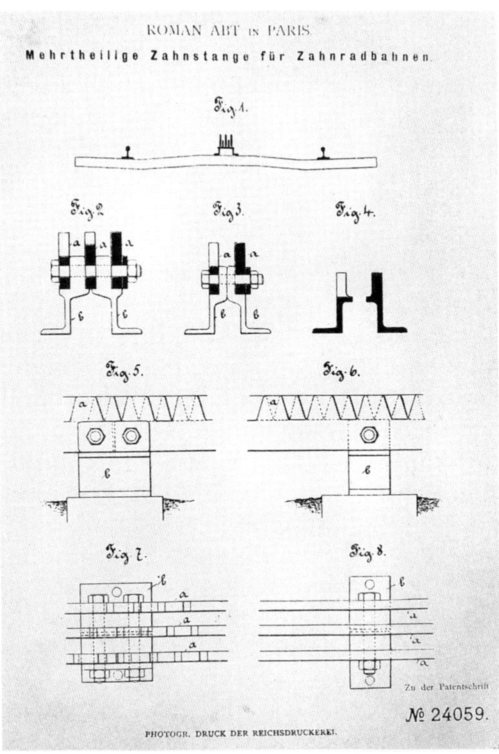

Der Mechanismus der gefederten Zahnstangeneinfahrt.

Die Zahnstangenstühle wurden aus Stahl mit einer Biegefestigkeit von 40 kg/mm^2 gegossen.
Als Zahnstangeneinfahrt wurde ein um ein Gelenk drehbares, zusammengenietetes Zahnstangenstück auf vier Spiralfedern gesetzt. Die beiden vorderen Federn haben eine Kraft von 12 kN. Die vorderen Zähne der Zahnstangeneinfahrt sind abgeflacht.
Kommt es bei einer Einfahrt zu einer Zahn-auf-Zahn-Stellung, wird die Zahnstangenspitze um die Tiefe des normalen Zahneingriffes von 35 mm niedergedrückt. Die Zahnräder der Lokomotive wickeln sich nun nicht über ihren Teilkreis, sondern über ihren äußeren Umfangskreis ab, bis der Eingriff sich zwangsläufig einstellt.
Der ruhige Lauf der Räder auf der Zahnstangenstrecke läßt es die Reisenden nicht empfinden, ob mit reinem Adhäsions- oder mit Zahnstangenantrieb gefahren wird.

Die Einfahrt in den 8. Zahnstangenabschnitt am Ende des Ortes Rübeland in Richtung Elbingerode um 1895.

Die Lokomotiven

Aus der engen Zusammenarbeit mit Riggenbach waren Roman Abt die Vor- und Nachteile des Riggenbachschen Leiterzahnstangensystems bekannt, ebenso die der zugehörigen Lokomotive. Diese Maschine für gemischten Betrieb mit ihrem Zwillingstriebwerk und der Stangenkupplung zwischen den Reibungs- und den Triebzahnrädern war an sich einfach im Aufbau. Sie wies jedoch einen schwerwiegenden Mangel auf: Die Reibungsräder der Lokomotive änderten infolge betriebsmäßiger Abnutzung den Laufkreisdurchmesser, während der Durchmesser des Zahnrades unverändert blieb. Da das Zahnrad zwangsläufig in der Zahnstange abwickelte, kam es ab einem gewissen Grad des Einlaufes der Reibungsräder zum Gleiten der Räder auf den Schienen, wodurch der Verschleiß noch vergrößert wurde. Hierdurch wurde die Haftung der Reibungsräder gestört, und zwar unerwünschterweise bei der steilsten Fahrt. Abt beseitigte diesen Nachteil des Riggenbachschen Systems, indem er seine Lokomotive mit zwei völlig voneinander getrennten Antriebsorganen konstruierte. Durch die klaren Reibungsverhältnisse zwischen Rad und Schiene konnte jedem der beiden Antriebsmechanismen eine Zugkraft von 60 kN zugeordnet werden. Für die Eigenbewegung der Maschine auf der Rampe 1:16,6 war eine Zugkraft von 30 kN erforderlich, so daß 90 kN für die Beförderung eines Zuges zur Verfügung standen. Der Zugförderung lag der Gedanke zugrunde, bei einer kombinierten Lokomotive nicht die gesamte geforderte Zugkraft dem Zahnradantrieb zu übertragen, sondern die Zugkraft der Reibungsräder mit in Anspruch zu nehmen und nicht darauf zu verzichten.

Die Maschine hatte einen außenliegenden Rahmen, System Hall, außenliegende Zylinder für die Reibungsmaschine mit außenliegender Allan-Steuerung. Der hinten weit überragende Rahmen wurde durch eine Bissel-Achse unterstützt. Durch diese Anordnung wurden bei kleinem feststehendem Radstand ein langer Gesamtachsstand und damit ein ruhiger und sicherer Lauf bei Schonung der Schienen erreicht. Der Hauptrahmen stützte sich über acht Tragfedern ab, die Tragfedern des zweiten und dritten Treibradsatzes des Reibungsbetriebs waren über Ausgleichhebel verbunden. Der Kessel war mit Rücksicht auf die gute Zugänglichkeit zu den Triebwerken der Zahnradmaschine auf eine Höhe von 2 160 mm Kesselmitte über SO gebracht. Die Feuerbüchse war aus Kupfer und die 18 mm starke Feuerbüchsdecke nach hinten geneigt, um beim Befahren der Steil-

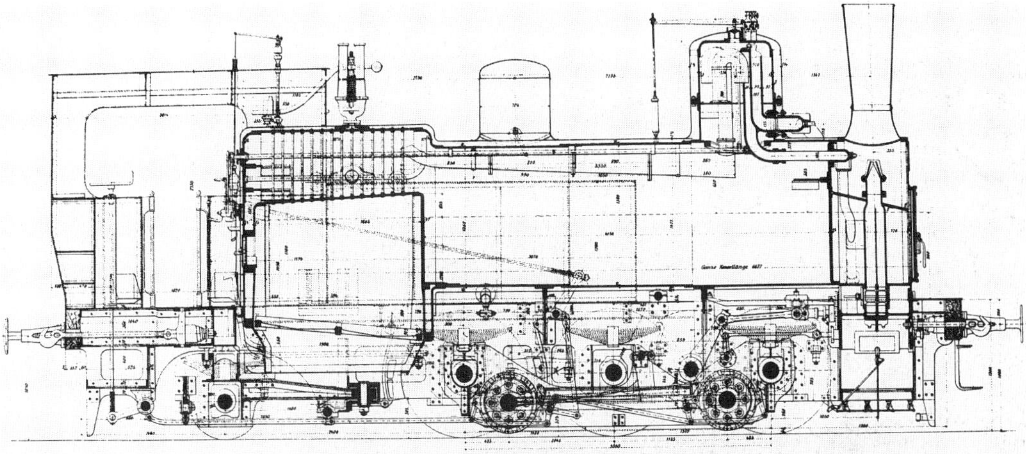

Wagerechter Schnitt durch die Achsen und über den Cylindern.

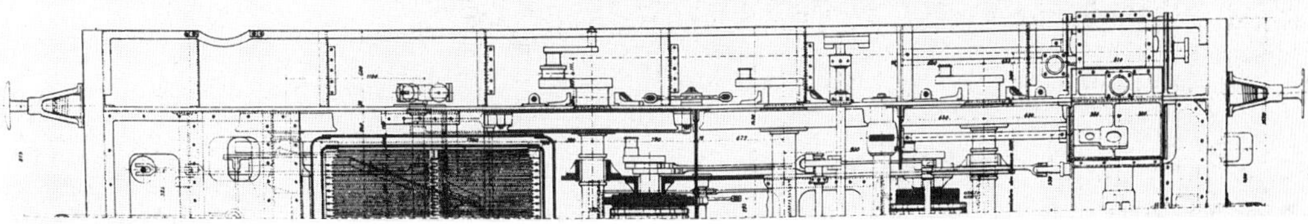

Lokomotive der kombinierten Adhäsion- und Zahnradbahn System Abt.		**Heizfläche der Siederohre**	**127,739 m²**
Reibungstriebwerk		**Heizfläche der Feuerbüchse**	**8,305 m²**
Zylinderdurchmesser	**450 mm**	**Gesamtheizfläche**	**136,044 m²**
Kolbenhub	**600 mm**	**Lokomotivmasse**	**55 t**
Treibraddurchmesser	**1 250 mm**	**Reibungsmasse mit vollen Vorräten**	**43 t**
Zahnradtriebwerk		**Kuppelachsfahrmasse**	**14,5 t**
Zylinderdurchmesser	**300 mm**	**Laufachsfahrmasse**	**12 t**
Kolbenhub	**600 mm**	**Wasservorrat**	**6 m³**
Zahnrad-Teilkreisdurchmesser	**573 mm**	**Kohlevorrat**	**2 t**
		Überdruck im Kessel	**10 bar**

strecke ein Entblößen der Decke von Kesselwasser zu verhüten.

Die Zahnradachsen, die die beiden Zahnräder tragen, waren in einem besonderen Innenrahmen gelagert, der durch den ersten Kuppelradsatz und den Treibradsatz getragen wurde. Durch diese Anordnung war der Eingriff der Zahnräder in die Zahnstange stets konstant und unabhängig vom Federspiel. Bei Abnutzung der Treibräder wurden die Zahnräder einfach durch Beilagen in den Lagern des Innenrahmens angehoben.

Die Zahnräder bestanden nicht aus einem Stück, sondern aus drei Zahnscheiben, die jeweils um ein Drittel der Teilung versetzt zusammengefügt waren. Sie waren durch acht starke Bolzen mit den links und rechts angeordneten Bremsscheiben verbunden, welche ihrerseits auf die Zahnradachsen aufgekeilt waren. Die vordere und die hintere Zahnradgruppe waren zueinander um eine halbe Teilung versetzt angeordnet, so daß jede sechstel Teilung (= 20 mm) ein neuer Zahn zum Eingriff kam.

Die drei Zahnscheiben wurden durch abge-

Das Werkstattpersonal vor der Lokomotive VON OTTO. Im Vordergrund die beiden Zahnräder.

Das Zahnradtriebgestell. Im Vordergrund das hintere Zahnrad mit den beiden Bremsscheiben.

flachte Bolzen verbunden. In die freien Räume waren Kautschuk und Stahlabschnitte eingelegt. Durch die hierdurch erreichte geringe gegenseitige Beweglichkeit der drei Zahnscheiben wurden Unregelmäßigkeiten in der Teilung der Zahnstange ausgeglichen und die drei Zahnscheiben eines Rades immer gleichmäßig belastet.

Der Innenrahmen bestand aus 30 mm dicken,

Die relative Stellung der beiden Zahnräder auf der dreiteiligen Zahnstange beim System Abt.

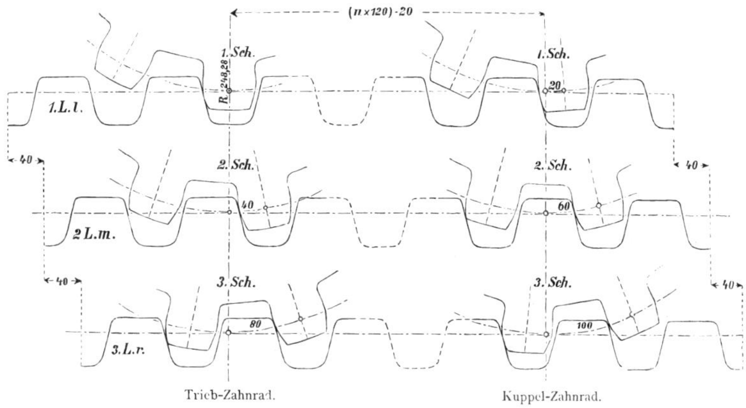

Die Anordnung der beiden Zwillingsdampfmaschinen. Innenliegend die Dampfzylinder der Zahnradmaschine.

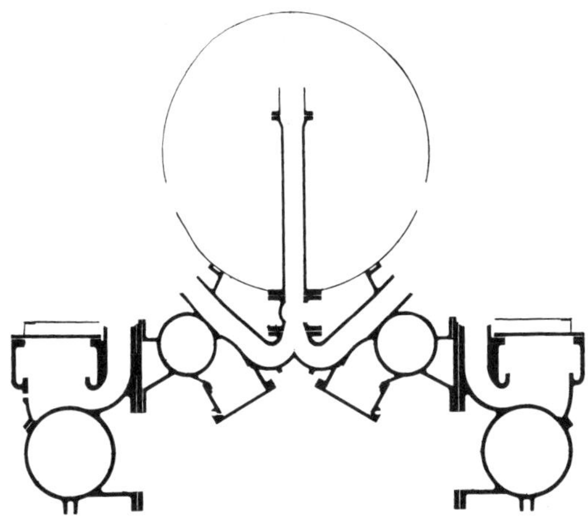

Eine weitere Besonderheit des Abtschen Systems ist die Zwillingsdampfmaschine für den Zahnradantrieb. Die beiden Dampfzylinder waren unter der Rauchkammer am Hauptrahmen befestigt. Beide Zylinder waren mit der Ausströmung und einer Verbindung zu einem Gußstück vereinigt und bildeten eine gute Versteifung des Hauptrahmens. Die bewegende Kraft wurde durch Schwinghebel und Treibstangen auf die Kurbeln des hinteren Zahnrades und von diesen durch Kuppelstangen auf die Kurbeln des vorderen Zahnrades übertragen. Eine besondere Blindwelle, die im Hauptrahmen gelagert war, trug die beiden Schwinghebel.

Das Zahnradtriebgestell, auf dem ersten Kuppelradsatz und dem Treibradsatz gelagert. Neben dem ersten Kuppelradsatz die rechte Antriebsschwinge mit Treibstange zur hinteren Zahnradachse.

querversteiften Blechen. Mit Achslagern war er auf die Endtriebradsätze aufgehängt. Die beiden Zahnräder waren untereinander auf normale Art gekuppelt.

Auf die Bremsen der Lokomotive wurde zwangsläufig ganz besonderer Wert gelegt. Es wurden vier voneinander unabhängige Bremssysteme vorgesehen:

- eine Spindelbremse als Klotzbremse für die Kuppelradsätze. Diese Bremse wurde besonders beim Rangieren und zum Anhalten auf den Betriebsstellen benutzt;
- beide Zahnräder waren an jeder Seite mit einer rillenförmigen Bremsscheibe versehen. Die vier Bremsklötze wurden ebenfalls durch eine Bremsspindel betätigt;
- beide Zylinderpaare (Reibungsmaschine und Zahnradmaschine) erhielten je eine Riggenbachsche Gegendruckbremse, zur damaligen Zeit als Luftbremse bezeichnet;
- als Wagenzugbremse diente eine Heberlein-Seilzugbremse mit Bremshaspel auf dem Führerstand.

Die Abtsche kombinierte Adhäsions- und Zahnradlokomotive war ein kleines Wunderwerk der Technik des vorigen Jahrhunderts. Daran ändert nicht, daß im Betriebseinsatz einige Änderungen notwendig wurden. So waren ursprünglich die Dampfausströmrohre für die Reibungsmaschine beidseitig mit der der Zahnradmaschine zusammengefaßt, und der Abdampf strömte in ein gemeinsames Blasrohr. Dieses Blasrohrsystem Polonceau war vom Führerstand einstellbar. Wurde gedrosselt, trat jedesmal, wenn nicht beide Maschinen im gleichen Takt arbeiteten, Rückdampf in den Ausströmteil der nicht ausstoßenden Maschine ein. Dampfmangel war die Folge. Albert Schneider erkannte den Mangel, beseitigte das veränderliche Blasrohr und trennte beide Dampfausströmwege. Die jetzt zu voller Wirkung kommenden Dampfschläge erzeugten eine gute Saugwirkung in der Feuerbüchse. Bei den Riggenbachbremsen der beiden Maschinen ergab sich ein gleichgearteter Mangel: Die ursprüngliche Anordnung vereinigte das Ausströmen der komprimierten Luft von Reibungs- und Zahnradmaschine in einem Ausströmrohr mit einem einzigen Druckregelventil.

In der Luftleitung an den Zylindern der Reibungsmaschine war außerdem ein selbsttätiges Ventil angeordnet. Dieses Ventil war notwendig, da sonst bei gewöhnlicher Dampffahrt auf Reibungsstrecken Dampf in die Zahnradzylinder eingetreten wäre. Bei der Bremsfahrt mit beiden Maschinen wurde dieses Ventil jedoch zwangsweise geschlossen, und die erhoffte Bremswirkung beider Maschinen trat nicht ein.

Albert Schneider trennte auch diese beiden Bremssysteme. Hierdurch wurde zwar der Lokomotivführer gezwungen, zwei Drosselventile zu betätigen, aber die beiden jetzt unabhängigen

Die BROCKEN, Baujahr 1894, mit der Bremshaspel für die Heberleinbremse.
Sammlung Schmidt

Die VON OTTO, ex BROCKEN, um 1910, jetzt mit der Saugluftbremse Hardy ausgerüstet.

CARL MÄRTENS, um 1900. Sammlung Schmidt

Bremsen arbeiteten zuverlässig mit feinstufiger Regelung.

Die Lokomotiven bewährten sich im Dauerbetrieb, so daß bis 1907 elf Lokomotiven nachbeschafft wurden. In diesem Beschaffungszeitraum gab es nur eine bauliche Änderung, die jedoch mit dem Zahnradsystem nicht zusammenhing. Die Keilrückstellung des Laufradsatzes mußte be-

KYBITZ, ausgerüstet mit der Saugluftbremse Hardy.

seitigt werden, da sie bei den kleinen Radien der Harzbahn zu betriebsgefährdenden Entlastungen des Treibradsatzes führte.

Die Betriebsführung

Die Grundregeln für die Betriebsführung auf der Harzbahn waren in der „Bahnordnung für deutsche Eisenbahnen untergeordneter Bedeutung" vom 12. Juni 1878 festgelegt, für die neuen Verhältnisse jedoch unvollkommen. Das Herzogliche Eisenbahn-Kommissariat erließ deshalb unter dem 6. Oktober 1885 die „Vorschriften für den Betrieb auf der combinierten Adhäsions- und Zahnradbahn Blankenburg–Tanne" für die Dauer von längstens sechs Monaten ab Betriebseröffnung gerechnet. Dieses Dokument war vom Vorsitzenden des Herzoglich Braunschweigischen Eisenbahn-Kommissariats, Präsident Kybitz, unterzeichnet. Seines Amtes als Vorsitzender des Königlich Preußischen Eisenbahn-Kommissariats waltete der Geheime Regierungsrat Bensen.

Die Vorschriften vom 6. Oktober 1885, zunächst für den Betrieb auf der Steilstrecke Blankenburg–Rübeland erlassen, können zu Recht als erste „Dienstvorschrift Steilstrecke" der Harzbahn bezeichnet werden. Aus dieser Vorschrift ergaben sich die Grundprinzipien der Zugförderung, unter anderem der Standort der Lokomotive im Zuge. Während in der Regel beim Bahnbetrieb sich die Lokomotive an der Spitze des Zuges befindet, wurde auf der Harzbahn der Betrieb bei Bergfahrten als Schubbetrieb eingerichtet: Bei der Bergfahrt fährt die Lokomotive stets am Schluß des Zuges, schiebt ihn also, während sie bei der Talfahrt und auf dem Reibungsabschnitt Rothehütte–Tanne an der Spitze fährt.
Für diese Betriebsweise gab es zwei Gründe:
- absolutes Vermeiden von Zugtrennungen und das Ablaufen der Wagen von den Steilrampen,
- vollständiges Ausnutzen der 120 kN Zug- bzw. Schubkraft der Lokomotiven, denn die Normalkupplungen bei Güter- und Personenwagen des Vereins Deutscher Eisenbahnen waren zu der Zeit nur mit 70 kN belastbar.

Mit Rücksicht auf die Spitzkehre Bast-Michaelstein ging mithin eine Fahrt von Blankenburg nach Tanne in folgender Weise vor sich:

– Von Blankenburg bis Bast-Michaelstein schob die Lokomotive in Rückwärtsfahrt.
– In Bast-Michaelstein wurde die Maschine umgesetzt und schob bis Hüttenrode in Vorwärtsfahrt. (Die Stellung der Lokomotive ab Blankenburg in Rückwärtsfahrt erbrachte den Vorteil, daß das Wasser im Kessel, das während der Fahrt nach Michaelstein durch die Neigung vor der Rauchkammerrohrwand lag, bei der Vorwärtsfahrt ab Michaelstein jetzt die Feuerbüchse verstärkt bedeckte. Es war somit immer eine zusätzliche Kesselwasserreserve vorhanden, ein Vorteil, der während des Dampfbetriebes bis 1965 beibehalten wurde.)
– In Hüttenrode begann die Talfahrt. Die Lokomotive wurde vom Schluß an die Spitze des Zuges umgesetzt. Unter Anwendung der Riggenbachbremse ging die Fahrt mit Schornstein voran weiter.
– In Rübeland wurde erneut umgesetzt. Von Rübeland bis zur Wechselstation (der Name kommt vom Umwechseln der Lokomotiven) am höchsten Punkt der Bahn hinter Elbingerode (503 m über NN) schob die Lok mit Schornstein voran.

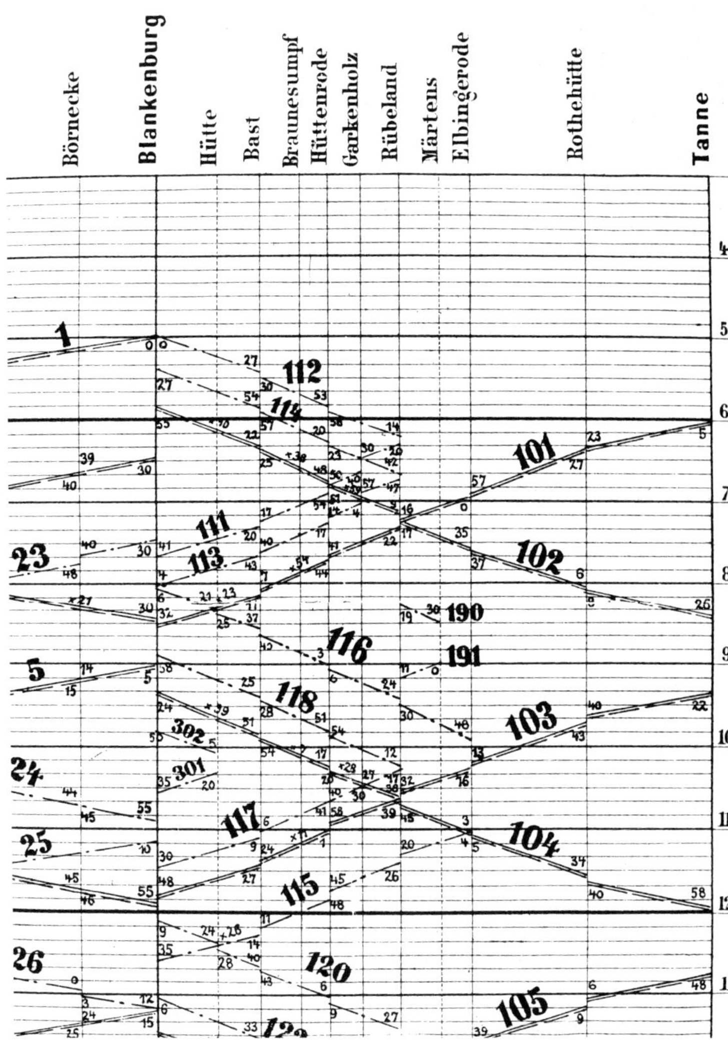

Bildfahrplan-Ausschnitt der H. B. E. vom 1. Oktober 1899.

Halberstadt-Blankenburger Eisenbahn.

Zusammenstellung

der

wichtigeren Verfügungen dauernder Art.

a) Allgemeinen Inhalts,

b) für den **Stations-** und **Zugdienst** und

c) den **Zugförderungs-** und **Streckendienst.**

Herausgegeben im Mai 1897.

1897.

Hof-Buchdruckerei von Julius Krampe in Braunschweig.

Verfügungs- und Mitteilungsblatt der H. B. E.

– Von der Wechselstation begann wieder die Talfahrt. Die Maschine fuhr bis Tanne vorwärts an der Spitze des Zuges.

Betriebsdirektor Albert Schneider verfaßte eine „Anleitung zu der Führung der combinierten Adhäsions- und Zahnradlokomotive des Systems Abt" und gab sie jedem Lokführer persönlich in die Hand.

In den Betriebs- und Verkehrsbegriffen wurde zwischen dem Stations- und Zugdienst und dem Zugförderungs- und Streckendienst unterschieden.

Bild- und Buchfahrpläne regelten den zeitlichen Ablauf des Betriebes, Dienstanweisungen die

J.-Nr. 5757/85. **Blankenburg Harz,** den 12. December 1885.

Betrifft:

Handhabung des Betriebes für die Abfertigung von Zügen und Zugkreuzungen.

A. Wenn der Telegraph functionirt.

Der Stationsvorstand resp. der Oberwärter, welcher einen Zug expediren will, muß sich **zuvor** vergewissern, ob die Strecke zwischen seiner Station und derjenigen, **nach** welcher der Zug fahren soll, frei ist.

Zu diesem Zwecke richtet er eine Depesche folgenden Inhalts an den Vorstand dieser Station:

(Name der expedirenden Station) an (Name der empfangenden Station) . . . Uhr . . . Min. Kann Zug Nr. . . . abfahren?

Wenn der Vorstand der befragten Station ganz bestimmt weiß, daß das Gleis frei ist, so antwortet er:

(Stationsname) an (Stationsname) . . . Uhr . . . Min. Ja, ich erwarte Ihren Zug Nr. . . .

Nur nach Empfang dieser Depesche ist der Vorstand der abfertigenden Station berechtigt, den angemeldeten Zug abfahren zu lassen und benachrichtigt im Augenblicke der Abfahrt hiervon die Nachbarstation mit folgender Depesche:

(Stationsname) an (Stationsname) der Zug Nr. . . . ist abgefahren um . . . Uhr . . . Min.

Seinerseits antwortet nun der Vorstand der Station, gegen welche sich der Zug bewegt:

Ich erwarte Ihren Zug Nr. . . .

Und da er weiß, daß die Strecke durch den angezeigten Zug besetzt ist, so hat er einen jeden Zug, eine jede Maschine auf seiner Station bis zur Ankunft des angekündigten Zuges anzuhalten, welche aus entgegengesetzter Richtung bei ihm in der Zwischenzeit einlaufen sollte.

Findet eine Kreuzung auf einer Station statt, so wird die Anfrage, ob ein Zug expedirt werden kann, folgende Vervollständigung erhalten:

Kann nach Ankunft des Zuges Nr. . . . der Zug Nr. . . . abfahren?

B. Wenn die telegraphische Verbindung unterbrochen ist,

so ist der Fahrplan der Züge allein maßgebend und darf in einem solchen Falle ein Zug die Station, auf der er mit einem anderen kreuzen soll, nicht früher verlassen, bevor dieser Zug dort eingetroffen ist, es mögen hieraus auch noch so bedeutende Verspätungen oder Unordnungen entstehen. Hiernach müssen also die fahrplanmäßig bestehenden Kreuzungen der Züge bei telegraphischer Unterbrechung unbedingt an den Orten seien, an denen dieselben im Fahrplane angegeben sind.

Diese Bestimmung ist absolut zu befolgen und kann nur dann geändert werden, wenn eine Station den Zug nicht per Dienstdepesche, sondern per Privatdepesche auf dem Staatstelegraphen oder mittelst expressen Botens oder von Wärter zu Wärter von der anderen verlangt, also die Verlegung der Kreuzung schriftlich ausspricht. Ist dieses schriftliche Verlangen abgeschickt, so darf vor Ankunft des Zuges kein Zug, auch keine Maschine in der betreffenden Richtung abfahren, bevor nicht der betreffende Zug von der ersteren Station dort eingetroffen ist.

Keine Locomotive, kein Zug, keine Draisine und kein Bahnmeisterwagen darf eine Station verlassen, um auf die Strecke zu fahren, ohne daß der betreffende Vorstand dieser Station von dem Locomotivführer, dem Zugführer, dem Bahnmeister oder Vorarbeiter hiervon in Kenntniß gesetzt worden ist, wenn der Verkehr nicht rechtzeitig von der Direction durch Dienstbefehl angeordnet worden ist, was vorkommen kann, wenn Locomotiven nach der Werkstatt gebracht werden.

Bei dem Verkehr eines Zuges oder einer Maschine muß der Stations-Vorstand so zeitig benachrichtigt werden, daß er auf irgend eine Weise im Stande ist, die Signalisirung durch einen vorhergehenden Zug bewirken zu können.

Nur zu Hilfe gerufenen Maschinen ist es gestattet, ohne vorher signalisirt zu sein, zu verkehren, aber dann nur mit einer Geschwindigkeit von 15 km per Stunde zu fahren (cfr. §. 30 der Bahnordnung für die Nebeneisenbahnen Deutschlands vom 5. Juli 1892).

Verfügung Nr. 5757/85 der H. B. E., Blatt 1 und 2

Aufgaben und Pflichten der einzelnen Beamten. Wichtige Verfügungen dauernder Art wurden in einem besonderen Buch herausgegeben. Unter dem Abschnitt Zugförderungs- und Streckendienst war die Verfahrensweise für die Abfertigung von Zügen und Zugkreuzungen festgelegt. Hierzu dienten die auf den einzelnen Stationen installierten Morsetelegraphen, deren Handhabung im „Reglement für den dienstlichen Gebrauch des elektromagnetischen Eisenbahn-Telegraphen" vorgeschrieben war.
Der Zugverkehr wurde allen Betriebseisenbahnern an der Strecke durch Läutesignale mitgeteilt. Von allen Stationen wurden abgehende Züge abgeläutet.
Selbstverständlich war die Signalordnung für die Eisenbahnen Deutschlands vom 30. November 1885 für die H. B. E. verbindlich, wonach die Stationsglocke auch für die örtliche Signalgebung benutzt werden durfte.

Die Wagen

Für den Personenverkehr auf der Harzbahn wurden Reisezugwagen beschafft, die im wesentlichen den preußischen Normalien entsprachen. Es waren ein Salonwagen, zwei Wagen 1./2. Klasse (ABi), vier Wagen 3. Klasse (Ci) und zwei kombinierte Gepäck-/Postwagen (Pw Post i). Alle Fahrzeuge waren Durchgangswagen mit offenen Plattformen und Übergängen an beiden Enden, mit Kohleheizung und Gasbeleuchtung. Der Wagenpark wurde durch den Umbau einiger vorhandener offener Güterwagen zu Sommer-Aussichtswagen ergänzt.
Zur Erhöhung der Sicherheit erhielten die Personenwagen neben der Heberlein-Seilzugbremse auf einer Achse ein Bremszahnrad. Analog den Lokomotiven waren beidseitig des Zahnrades Bremsscheiben vorhanden, auf die sich Klötze, betätigt durch Spindel, auflegten. Auch neue Erzwagen wurden mit Bremszahnrädern ausgerüstet. Im praktischen Betrieb erwiesen sich diese Bremszahnräder bald als überflüssig, so daß sie später ausgebaut wurden.
Im Februar 1886 gab Bahndirektor Albert Schneider der Heberlein-Bremsgesellschaft ein Zeugnis über die Bewährung der Bremsen:

Wagen 111 H. B. E. (ABi) analog Wagen 112, gut erkennbar Zahnstange und Bremszahnrad.

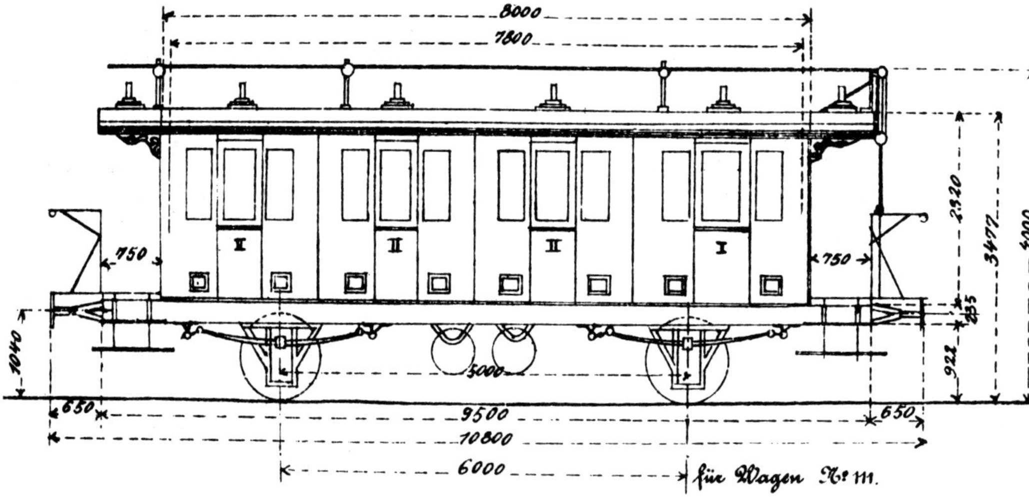

Wagen 111 und 112 H. B. E., Baujahr 1885, 24 Plätze, Eigenmasse 13,35 t, Heberlein- und Zahnradbremse.
Sammlung Röper

Wagen 131 H. B. E. (PwPosti) analog Wagen 132.

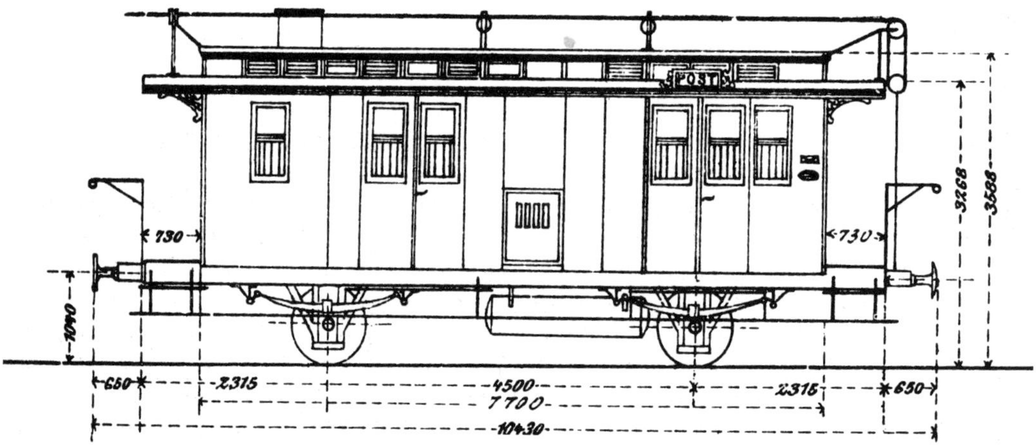

Wagen 131 und 132 H. B. E., Baujahr 1885, Eigenmasse 10,81 t, Ladefläche für Gepäck 11 m², für Post 7,7 m².
Sammlung Röper

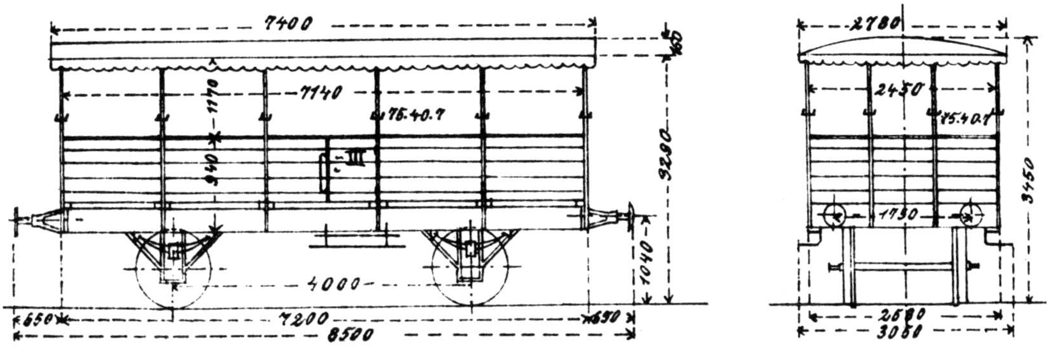

Offene Aussichtswagen 117, 118 (B), 119 und 120 (C) H. B. E., Baujahr 1873, 26 Plätze. Sie wurden aus offenen Güterwagen umgebaut.
Sammlung Röper

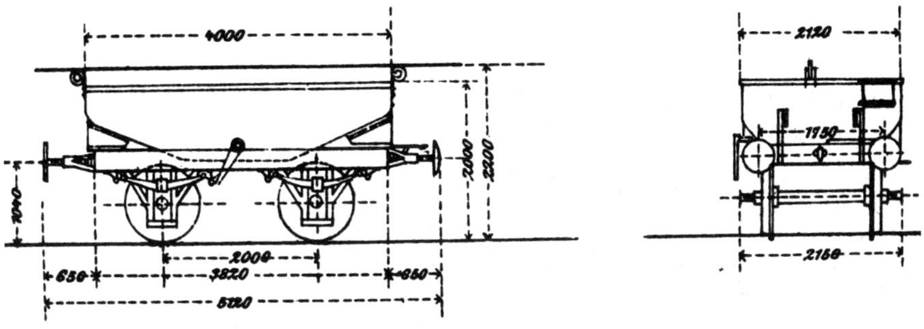

Erztransportwagen der H. B. E., Baujahr 1884, Tragfähigkeit 13,1 t. Später verwendet als Arbeitswagen, zwei wurden zu Doppelschneepflügen umgebaut.
Sammlung Röper

„Der Heberlein-Brems-Gesellschaft (Selfacting Railway Brake Co. Limited) zu Berlin bescheinige ich hiermit, daß sämtliche Personen- und Gepäckwagen, sowie auch die zum Transport von Erzen dienenden offenen Güterwagen der kombinierten Adhäsions- und Zahnrad-Harzbahn des Systems Abt Blankenburg–Tanne mit ihren Brems-Apparaten versehen sind. Obgleich nun auf den vorhandenen Steigungen von 1:40 und 1:16,6 das Bremsen der Züge zu Thal im Allgemeinen nur durch Luftbremsen der Lokomotiven erfolgt, so ist doch konstatiert worden, daß die Heberlein-Bremsen, an jedem zweiten Fuhrwerk angebracht, den Zug zu Thal ebenfalls sicher anhalten. Die Züge, welche lediglich zum Transporte von Erzen dienen, deren Spezialwagen, wie gesagt, Heberlein-Bremsen besitzen, werden infolge dessen vom Zugpersonal überhaupt nicht begleitet.

Der Herzoglich Braunschweigische Bahndirektor,

(gez.) A. Schneider

Blankenburg a. H., den 18. Februar 1886."

Die Industrie-Anschlußgleise

Mit dem Bau der Harzbahn entstanden gleichzeitig diverse Anschlußgleise nach bereits bestehenden Werkanlagen. Weiterhin wurden Gleise zu sich neu etablierenden Industriebetrieben geplant und gebaut. Finanziert wurden die Anschlußbahnen zum Teil durch die H. B. E., zum Teil durch die Anschließer selbst.

Die Tabelle auf Seite 57 gibt einen exakten

Hochofenwerk Blankenburg um 1890 mit Erzsturzbrücke; im Vordergrund die Harzbahn, links nach Michaelstein führend. Sammlung Museum Blankenburg

Rübeland, Anschlußweiche nach dem Kalkwerk der Firma Buchholz & Märtens. Die Schornsteine gehören zu den Elbingeröder Kalkwerken Max Meyerstein.

Überblick. Besonders interessant daran ist der Anschluß zum Kalkwerk der Herren Buchholz und Märtens, der 1890 hergestellt wurde. Abzweigend vom Hauptgleis der Harzbahn am Ende des Ortes Rübeland führte die 1 km lange Anschlußbahn in einem 120-m-Bogen auf einer

Anschlußbahnen und -gleise der H. B. E. auf der Harzbahn

Art	Angeschlossenes Unternehmen	Eigentümer	Anschlußort	Länge des Anschlusses
1. Von der H. B. E. finanziert				
Bahn	Kalkwerk Rübeand	Buchholz & Märtens	km 15,002	1,000 km
Gleis	Hochofenwerk Blankenburg	Harzer Werke	km 3,353	1,140 km
Gleis	Kalkwerk Garkenholz	Harzer Werke	km 12,12	0,126 km
Gleis	Verkohlungsanstalt Rübeland	Harzer Werke		0,264 km
Gleis	Hüttenhof Rübeland	Harzer Werke		0,056 km
Gleis	Kalkwerk Rübeland	Buchholz & Märtens	Abzweig aus der Kalkwerk-Anschlußbahn	0,493 km
Gleis	Hüttenhof Rothehütte	Königliches Hüttenamt		0,380 km
				3,459 km
2. Von den Anschließern finanziert				
Bahn	Diabas-Steinbrüche bei Neuwerk	Aktien-Gesellschaft	Bahnhof Rübeland	2,500 km
Gleis	Sandsteinbruch	Gebr. Schönfeld	km 0,953	0,085 km
Gleis	Ringofen-Ziegelei	Schmidt	km 3,685	0,150 km
Gleis	Ringofen-Ziegelei	Grefe	km 4,7	0,130 km
Gleis	Kalkwerk Garkenholz	Harzer Werke		0,294 km
Gleis	Steinbruch Rübeland	Franke	km 15,0	0,042 km
Gleis	Elbingeröder Kalkwerke	Max Meyerstein, Hannover	km 15,5	0,245 km
Gleis	Schwefelkiesgrube	Fürstlich Stolberg-Wernigerodische Bergbau-verwaltung	km 15,9	0,098 km
Gleis	Kalkwerke Elbingerode	Kattentid & Pohlmann		0,483 km
Gleis	Schwefelkiesgrube	Kommerzienrat Meyer, Hannover	km 16,4	0,076 km
Gleis	Diabas-Steinbrüche bei Neuwerk	Aktien-Gesellschaft	Abzweig aus der Steinbruch-Anschlußbahn	0,626 km
				4,729 km

schiefen, massiven Brücke über die Bode und endete unter der Christinenklippe, an deren Fuß die Mühlwerke und die Ofenanlagen des Kalkwerkes standen. Das Werk produzierte gebrannten Kalk für das Baugewerbe und zum Düngen sowie roh gemahlenen Kalk für die Glas- und Porzellan-Industrie.

Die Jahresproduktion stellte sich zunächst auf

etwa 6 000 Wagen ein, doch rasch begann eine stürmische Entwicklung. Im Jahre 1898 wurde ein neues Werk angefahren, die Elbingeröder Kalkwerke Max Meyerstein, Hannover. In einer zeitgenössischen Veröffentlichung stellte der Geheime Regierungsrat Prof. Dr. Maerker aus Halle (Saale) fest:
„Das Vorkommen der mächtigen Kalkablagerungen von fast absoluter Reinheit ... war längst bekannt, aber ihre Ausbeutung ausgeschlossen oder wenigstens dadurch beschränkt, daß kein billiges Transportmittel ... zur Verfügung stand. Der Geheime Baurat Schneider ... hat sich das große Verdienst erworben, daß er ... in der Zahnradbahn Blankenburg–Rübeland–Tanne das Werk schuf, durch welches neben anderen Schätzen des Harzes auch die unermässlichen Rübeländer Kalkablagerungen erschlossen wurden. Es würde unrecht sein, ... nicht dieses Mannes zu gedenken, der sich hierdurch um den Nationalwohlstand und speziell um die Landwirtschaft ein großes dauerndes Verdienst erworben hat."
Wie recht Prof. Maerker hatte, zeigt sich darin, daß die „unermässlichen" Kalkvorkommen um Rübeland trotz leistungsintensiven Abbaues bis über unsere Tage hinaus die Rohstoffbasis für viele Industriezweige bilden.

Eine Fahrt mit der Harz-Zahnradbahn

Es ist ein Sommertag im Jahre 1904. Am Bahnsteig 1 des Bahnhofes Blankenburg steht der Personenzug nach Tanne abfahrbereit, im Fahrplan als gemischter Zug Nr. 104 ausgewiesen. Mit dem Zeigersprung erhält der Zug um 9.16 Uhr das Abfahrsignal. Am Schluß die kombinierte Adhäsions- und Zahnrad-Lokomotive, verläßt der Zug den Kopfbahnhof. Blankenburg, Weinberg und Platenberg rechter Hand liegenlassend, beschreibt die Bahn einen großen Bogen um die Stadt, und nach 15 min Fahrt wird Westend-Blankenburg, eine Haltestelle am westlichen Orts-

Bahnhof Blankenburg, um 1910.

Entfernung Km.	Stationen	Fahrzeit M.	Ankunft U. M.	Aufenthalt M.	Abfahrt U. M.	Kreuzung Zug Nr.	Anschluß Zug Nr. U. M.
	Blankenburg-Tanne.						
	Gemischter Zug. Nr. 104.						F 2 | 2a
	Blankenburg	–	—	—	916		815 | 833
3,5	Westend-Blkbg.	15	×931	—	331		
2,1	Bast-Michaelstein	12	943	3	946		
2,6	Braunesumpf	13	×959	—	959		
1,7	Hüttenrode	10	1009	3	1012		
1,6	Gartenholz			—	¦		
2,0	Rübeland	18	1030	6	1036	103	
3,8	Elbingerode	18	1054	1	1055	551	
1,1	do. Bornbergstr 2	5	×1100	–	1100		
5,3	Rothehütte	24	1124	1	1125		14
6,8	Tanne	15	1140	—	—	—	1220

Aus dem Buch-Fahrplan des Lokomotivführers. Sommerfahrplan 1904

rand, erreicht. Der Zug hält aber nur nach Bedarf.

Inzwischen ist der Zug in die Zahnstangen-Strecke eingefahren, die mit Unterbrechungen nun bis Hüttenrode dem Zug das Emporklimmen in die Berge erleichtert. Nachdem der Zug in weitausholenden Bögen sich bis auf den Hang des Silberborngrundes emporgearbeitet hat, ist es inzwischen 9.43 Uhr. Seit der Abfahrt von Blankenburg sind 27 min vergangen, und eine Fahrstrecke von 5,6 km wurde zurückgelegt; es folgt die Spitzkehre Bast-Michaelstein.

Westend-Blankenburg mit einem „Blockstations-Telegraphen" gemäß Signalordnung vom 30. November 1885, der Signal 9 (Halt) zeigt.

Bast-Michaelstein. Während die HERZOG JOHANN ALBRECHT bereits umgesetzt hat und auf die Talfahrt nach Blankenburg wartet, kommt gerade eine Bergfahrt von Blankenburg den Zahnstangenabschnitt heraufgeschoben.

Am Nordhang, auf halber Höhe des Staufenbergs, liegen inmitten eines schattigen Buchenwaldes die beiden Gleise des Bahnhofs. Die Lokomotive setzt um, denn auch auf der Steigungsfahrt nach Hüttenrode muß sie am Schluß des Zuges sein. Hierfür hat das Zugpersonal genau 3 min Zeit.
Oft wird hier die Frage gestellt, warum die Bahn nicht nach völliger Umfahrung des Staufenberges durch den Silberbornsgrund nach Hüttenrode geführt wurde. Technisch wäre das durchaus möglich gewesen, doch die Aufwendungen wären wesentlich höher gewesen, und die Neigung hätte sich auf teilweise 70 ‰ eingestellt.
Die Harzbahn mit ihrer Spitzkehre Bast-Michaelstein ist also ein Beispiel, daß auch die Eisenbahnen ihre Linienführung häufig ökonomischen und nicht technischen Überlegungen zu verdanken haben.
Noch im Bahnhofsbereich beginnt bereits die nächste Steigung, und der Lokomotivführer läßt die Zahnradmaschine anlaufen. Mit einer gleichmäßigen Geschwindigkeit von 7 bis 8 km/h wird in die Zahnstange eingefahren. Nun muß die Lok zeigen, was sie kann. Ein knapper Kilometer mit einer Steigerung von 1:16,6 muß mit 15 km/h überwunden werden. Die Adhäsionsmaschine arbeitet in gleichmäßigem Takt. Hinzu kommen die Abdampfschläge der Zahnradmaschine. Auf der offenen Plattform des ersten Personenwagens steht der Zugbegleiter mit dem Signalhorn. Er warnt die vielen Wanderer und

Zwischen Bast-Michaelstein und Braunesumpf, um 1895.

Ein Reisezug der Harzbahn auf dem Hohen Damm, um 1895.

Der untere Tunnelmund des Bielsteintunnels, um 1895.

Braunesumpf mit Bielsteintunnel, um 1910.

auch Waldarbeiter, die gerade auf diesem Abschnitt oft die Gleise überqueren.
Die kommende Verschnaufpause auf dem „Hohen Damm" ist jedoch kurz: Es sind nur 145 m ohne Steigung. Der „Hohe Damm" mußte geschüttet werden, um das Tal des „Wasserweges" zu überqueren, wo einst die Erzstufenbahn ihre Trasse hatte. Doch sogleich beginnt wieder eine starke Steigung. Die Lokomotive arbeitet erneut schwer in ihren Triebwerken. Nach 400 m Fahrweg kommt das erlösende Signal „Ende der Zahnstange". Der untere Tunnelmund des Bielsteintunnels ist in Sicht. Der Lokheizer hat sich auf diesen Zeitpunkt eingestellt. Die Steinkohle in der Feuerbüchse ist durchgebrannt, das Feuerbett glüht grellweiß, der Abdampf der Lokomotive ist nur gering mit Rauchgasen gemischt. Er selbst wie der Lokomotivführer, der Zugführer, der Zug-

schaffner und auch der Zugbegleiter, sie alle möchten im 465 m langen Bielsteintunnel wenig Rauchgase einatmen. Außerdem ist es Vorschrift, um die Reisenden nicht zu belästigen. Der Zugschaffner hat außerdem dafür gesorgt, daß vor dem Befahren des Tunnels alle Fenster des Zuges geschlossen sind.
Der Bahnhof Braunesumpf schließt sich gleich an den oberen Tunnelausgang an. Braunesumpf hat wenig Reiseverkehr, ist aber der Abgangsbahnhof des Eisenerzes zu den Blankenburger Hochöfen.
Der Oberwärter von Braunesumpf hat die Zustimmung für die Fahrt telegraphisch von der Station Hüttenrode eingeholt und pünktlich den Befehl zur Abfahrt erteilt.
Hüttenrode, 1133 als Heddenroth im Kopialbuche des Klosters St. Johann in Halberstadt erstmalig erwähnt, aber bereits 1228 in einer päpstlichen Urkunde Hüttenrode genannt, also durch eine Rodung entstanden, ist Wasserscheide zur Bode und zum nördlichen Harzvorland. 477,4 m über NN gelegen, bietet sich ein herrlicher Blick in westlicher Richtung auf den Hohnekamm und das Brockenmassiv. Doch unsere Lokomotive muß schon wieder umspannen und setzt sich an die Spitze des Zuges, denn nun geht es bergab in Richtung Rübeland. Wir fahren durch die Hüttenröder Wiesen, aber dafür erstmalig richtig schnell. 30 km/h darf die Höchstgeschwindigkeit hier betragen, und alle Teile der Lok kommen in Schwung.
Doch nicht lange währt die Freude. Der nächste Zahnstangenabschnitt naht mit einem Gefälle von 1:18. Der Lokführer hat die Luftbremse der Adhäsionsmaschine zugeschaltet, um die Geschwindigkeit genau auf den vorgeschriebenen Wert von 7,5 km/h zu reduzieren. Wir sind kurz vor dem Garkenholz, der rechter Hand liegenden bewaldeten Erhebung und dem nach ihm benannten Kalkwerk. Heute sind vom Kalkwerk nur noch wenige bauliche Überreste erkennbar. An dessen Stelle entstand der Blaue See, eine mit klarem Wasser gefüllte Senke, deren Oberfläche in wundervollem Blau erstrahlt, da der Kalkbelag des Bodens den Rotanteil des Spektrums absorbiert.
Nachdem unser Zug Garkenholz, das Kreuztal und den Bismarcktunnel passiert hat, gelangt er in das Bodetal mit dem Bahnhof Rübeland als nächstem Halt. 13,5 km hat unsere Bahn bis hierher zurückgelegt. Wieder muß die Lokomotive an den Schluß des Zuges umsetzen, denn vor uns liegen erneut Steigungsabschnitte. Reisende, deren Ziel Drei Annen Hohne, Benneckenstein, Schierke oder der Brocken ist, können von hier die Omnibusverbindung zwischen der Harz-Zahnradbahn und der Brockenbahn benutzen.
Nach Verlassen des Bahnhofs fahren wir in Rübeland zunächst entlang der Dorfstraße. Eine Fahrt durch das schmale Tal der Bode mit den Laub-

Bahnhof Hüttenrode, um 1910.

Bahnhof Rübeland, um 1895.

Vor Rübeland, um 1895. Zur linken die Bode, im Hintergrund auf dem Berg der Kamin der Holzverkohlungsanlage.

Omnibus-Verbindungslinie

zwischen der **Harz-Zahnradbahn Blankenburg-Rübeland-Tanne**

und der **Brockenbahn Drei Annen-Hohne-Schierke-Brocken.**

Fahrplan gültig vom 21. Mai bis 15. September.

Anschlüsse	an	ab	an	ab	an	ab	an	ab
Halberstadt	—	—	—	8^{15}	—	12^{18}	—	2^{15}
Blankenburg	—	5^{00}	9^{01}	9^{16}	12^{50}	12^{54}	3^{01}	3^{04}
Rübeland	6^{14}	—	10^{30}	—	2^{01}	—	4^{18}	—
Nr. der Fahrten	1		3		5		7	
Omnibuslinie: Rübeland Bhf.	—	—	—	12^{30}	—	2^{30}	—	4^{20}
Rübeland Hermannshöhle	—	8^{30}	12^{32}	12^{34}	2^{32}	2^{45}	4^{22}	4^{23}
Rübeland Grüne Tanne	8^{31}	8^{32}	12^{35}	12^{36}	2^{46}	2^{47}	4^{24}	4^{25}
Elbingerode Bhf.	8^{54}	8^{55}	12^{58}	1^{00}	—	3^{10}	4^{47}	4^{48}
do. Waldheim	—	9^{07}	—	1^{12}	—	3^{22}	—	5^{00}
Drei Annen-Hohne Bahnhof	9^{55}	—	1^{55}	—	4^{02}	—	5^{40}	—
Brockenbahn: Drei Annen-Hohne	—	10^{10}	—	2^{03}	—	*4^{14}	—	*5^{47}
Brocken	11^{20}	—	3^{03}	—	5^{36}	—	7^{14}	—
Anschlüsse: Drei Annen-Hohne ab	—	10^{13}	—	2^{08}	—	5^{18}	—	—
Nordhausen an	12^{42}		4^{38}	—	7^{42}	—	—	—
Drei Annen-Hohne ab	—	10^{05}	—	1^{58}	—	4^{11}	—	5^{48}
Wernigerode an	10^{52}	—	2^{43}	—	5^{03}	—	6^{35}	—

Bemerkung: Die Fahrten Nr. 7 und 8 verkehren am 22., 23., 24., 29. Mai, 5., 12., 19., 26. Juni und vom 1 Juli bis 15. September täglich. Die mit × bez. Tour wird vom 1. Juli bis 31. August gefahren. Fahrgäste welche von Rübeland ab die Bahn benutzen wollen, ist gestattet, auf ihre Omnibusfahrkarte die Bahnstrecke von Station Elbingerode bis Station Rübeland zu benutzen.

Anschlüsse	an	ab	an	ab	an	ab	an	ab	an	ab
Wernigerode ab	—	9^{15}	—	1^{13}	—	3^{10}	—	4^{24}	—	4^{24}
Drei Annen-Hohne an	10^{05}	—	1^{58}	—	4^{04}	—	5^{12}	—	5^{12}	—
Nordhausen ab	—	5^{34}	—	8^{43}	—	1^{32}	—	3^{10}	—	—
Drei Annen-Hohne an	7^{53}	—	11^{20}	—	4^{09}	—	5^{45}	—	—	—
Nr. der Fahrten	2		4		6		8		×	
Brockenbahn: Brocken	—	9^{03}	—	1^{00}	—	3^{08}	—	*5^{48}	—	4^{12}
Drei Annen-Hohne	10^{04}	—	1^{57}	—	4^{06}	—	6^{52}	—	5^{14}	—
Omnibuslinie: Drei Annen-Hohne Bahnhof	—	10^{10}	—	2^{05}	—	4^{10}	—	7^{00}	—	5^{20}
Elbingerode Waldheim	—	10^{50}	—	2^{45}	—	4^{50}	—	7^{42}	5^{59}	6^{00}
Elbingerode Bhf.	11^{00}	11^{01}	2^{54}	2^{55}	—	—	7^{51}	7^{52}	6^{08}	6^{09}
Rübeland Grüne Tanne	11^{15}	11^{16}	3^{09}	3^{10}	5^{14}	5^{15}	8^{05}	8^{06}	6^{21}	6^{22}
Rübeland Hermannshöhle	11^{17}	11^{18}	3^{11}	3^{12}	5^{16}	5^{17}	8^{07}	8^{08}	6^{24}	-
Rübeland Bhf.	11^{21}	—	3^{15}	—	5^{20}	—	8^{10}	—	—	—
Anschlüsse: Rübeland Bhf.	—	1^{05}	—	4^{25}	—	6^{39}	—	8^{37}	—	—
Blankenburg	2^{15}	2^{23}	5^{33}	—	7^{47}	7^{55}	8^{50}	—	—	—
Halberstadt	2^{59}	—	—	—	8^{40}	—	—	—	—	—

Die mit * bez. Züge der Brockenbahn verkehren am 22., 23., 24., 29. Mai, im Juni Sonntags, im Juli und August täglich.

Omnibusfahrplan, gültig vom 21. Mai bis 15. September 1904.

und Nadelhölzern der angrenzenden Berge folgt, bis wir das Bodetal verlassen und nach einer Fahrstrecke von 3,8 km, wofür unser Zug 18 min brauchte, den Bahnhof Elbingerode erreichen.

Elbingerode, eine preußische Stadt, ist von holsteinischen (nordalbingischen) Familien, die sich im 11. Jahrhundert hier ansiedelten, gegründet worden. Das Städtchen liegt in einer Mulde des Hochplateaus inmitten von Wiesen und Ackerflächen.

Die nächste Haltestelle, Elbingerode-Bornbergstraße 2, wird durchfahren, denn es liegt kein Bedarf für einen Halt vor. In der Wechselstation am Plateau des Großen Hornbergs wird die Lokomotive nochmals an die Spitze des Zuges gesetzt. Die Wechselstation, die am höchsten gelegene Bahnanlage der Harz-Zahnradbahn mit 503,50 m über NN, bietet einen weiten Blick auf die Höhenzüge des Oberharzes. Nun geht es bergab, das Zahnrad bremst, der letzte Zahnstangenabschnitt mit 1:16,6 Gefälle wird durchfahren, die Station Rothehütte-Königshof folgt.

Königshof liegt am Zusammenfluß der Warmen und der Kalten Bode. Am südlichen Ortsrande erheben sich aus dem Tal die baulichen Reste der auf dem ehemaligen Jagdhof der sächsischen Könige Bodfeld erbauten bischöflichen Burg. Die alte Jagdpfalz Bodfeld war vielmals der Aufenthaltsort von Heinrich I., oft das Hoflager der Ottonen. 1056 verstarb Heinrich III. auf Bodfeld in den Armen von Papst Viktor II., der dort zu Besuch weilte.

Rothehütte und Königshof wurden später vereint zu Königshütte.
Unsere Eisenbahn aber steigt hinab in das Tal der Warmen Bode, herrliche Wiesen und Wälder zu beiden Seiten, und fährt um 11.40 Uhr in den Blankenburger Bahnhof zu Tanne ein. Er hält vor dem Empfangsgebäude der Halberstadt-Blankenburger Eisenbahngesellschaft. Schräg gegenüber befinden sich die Anlagen der Südharz-Eisenbahn. Unsere Reisenden hätten die Möglichkeit, mit dieser 1 000-mm-Schmalspurbahn die Fahrt über Brunnenbachsmühle nach Walkenried oder Braunlage fortzusetzen. Auch die Güterwagen der H. B. E. könnten diesen Weg nehmen.

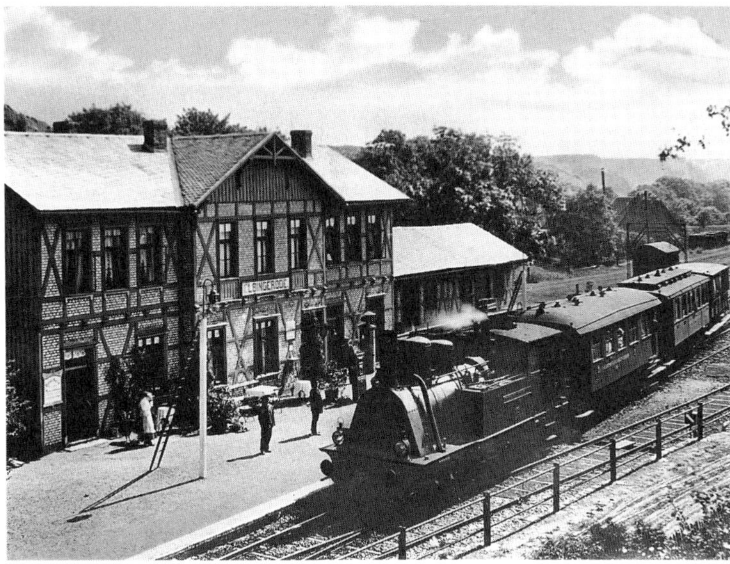

Bahnhof Elbingerode, um 1910.

Am Bahnsteig von Rothehütte-Königshof.

Bahnhof Tanne, um 1910. Im Vordergrund die Anlagen und Fahrzeuge der Südharz-Eisenbahn.

Der Rollbockverkehr ermöglicht dies. Doch niemandem steht heute der Sinn nach einer Weiterfahrt.
Um 9.16 Uhr sind wir mit der Harzzahnradbahn von Blankenburg abgefahren. Nach 2 Stunden und 24 min haben wir Tanne erreicht bei einer Fahrstrecke von 30,5 km. Es ist dies zu jener Zeit eine große technische Leistung.

8

Das System Abt erobert die Welt

Der Bau und der Betrieb der ersten normalspurigen kombinierten Adhäsions- und Zahnradbahn erwiesen sich für die Harzbahn-Gesellschaft, für den Konstrukteur Roman Abt und für die ausführenden Werke, insbesondere die Maschinenfabrik in Esslingen, als ein voller Erfolg.
Im Jahre 1888 erhielt Roman Abt auf der Versammlung des Vereins Deutscher Eisenbahnverwaltungen, dem die Halberstadt-Blankenburger Eisenbahngesellschaft stets angehörte, in Amsterdam einen Preis in Höhe von 7 500 Mark. Roman Abts System wurde nachfolgend vielfach angewandt. Nicht aufgeführt ist in der Tabelle die Bolan-Paß-Bahn in Indien. Dabei sind die Abtschen Zahnstangen auch in Zwei-Lamellen-Ausführung gebaut worden. In einem Fall hat Abt eine Ausführung mit nur einlamelliger Zahnstange gebaut: die Bahn auf den Mont Salève bei Genf. Dreilamellig wurden neben der Harzbahn die Transandinobahn und die Usui Toge, Japan, ausgeführt. In den Jahren 1884 bis 1898 wurden, die Harzbahn eingeschlossen, 31 Eisenbahnen in der Welt nach dem System Abt errichtet. Nach 1898 folgten weitere 47 Bahnen.
Die Abtsche Schiene bildet eine in ganzer Länge einheitlich zusammenhängende Zahnstange. Neben dem Stoß der einen Lamelle liegt der durchgehende Stahl der anderen Lamellen. Die Zahnstange hat auf diese Weise an allen Punkten die gleiche Stabilität. Sie ruht auf Stühlen aus Gußstahl, die mit den stählernen Schwellen, die auch die Schienen tragen, fest verankert sind.
Die Lamellenstücke sind nur 2,65 m lang, in der Mitte fest gelagert, so daß Längenänderungen sich nicht negativ auf die Zahnteilung auswirken. Die Bewegung auf der Abtschen Zahnstange ist gleichmäßiger als die bei der Riggenbachschen Leiter, bei der die Fortbewegung ruckartig ist.
Für die Herstellung von Gleiskrümmungen ist die Abtsche Zahnstange bestens geeignet. Alle Lamellenstücke sind gleich lang, leicht auswechselbar und lassen sich in den Krümmungen leicht anpassen. Bei der Riggenbachschen Leiterschiene müssen besondere Kurvenstücke angefertigt werden, was Riggenbach anhielt, möglichst schlanke Krümmungen auszuführen.

Zahnradbahnen der Welt, die nach dem System Abt gebaut wurden

Zahnradbahnen
System R. Abt.

	Bezeichnung	Spurweite mm	Länge km Zahnstg.	Länge km Total	Steigung ‰ Adhäsion	Steigung ‰ Zahnstg.	Minim.-Radius m Adhäsion	Minim.-Radius m Zahnstg	Gebaut	Locomotiven Construction nur Zahnrad	Locomotiven Construction Adhäs. u Zahnrad	Anzahl	Gewicht (Tonnen)	Zugkraft (Tonnen)	Zuggewicht (Tonnen)	Betriebsweise
1	Harzbahn, Braunschweig	1.435	7.5	30.5	25	60	180	200	1884/86	—	A & Z	7	56	12	135	Schieben
2	Lehesten, Thüringen	1.435	1.3	2.7	35	80	150	150	1885	—	do.	1	23	6	50	do.
3	Oertelsbruch, Thüringen	690	0.7	5	50	135	35	100	1885	—	do	2	6	2	7	do
4	Puerto Cabello-Valenzia, Venezuela	1067	3.8	3.8	—	80	—	125	1886	Z	—	3	42	9	60	do.
5	Visp-Zermatt, Schweiz	1000	7.5	35	28	125	80	100	1889/90	—	A & Z	5	29	9	45	Ziehen
6	Generoso, Schweiz	800	9.0	9	—	220	—	60	1889/90	Z	—	6	15	5.4	10	Schieben
7	Sarajevo-Konjica, Bosnien	760	19.5	56	15	60	125	125	1890	—	A & Z	8	30	7	75	Ziehen
8	Eisenerz-Vordernberg, Steyermark	1435	14.5	20	25	71	150	180	1890	—	do.	12	56	12	120	Schieben
9	Manitou-Pike's Peak, Colorado	1435	15.0	15	—	250	—	115	1890	Z	—	5	23	10	18	do.
10	Transandino, Südamerika	1000	28.0	75	25	80	115	200	1890	—	A & Z	5	42	8	60	do.
11	Diakophto-Kalavryta, Griechenland	750	3.6	23	35	145	30	50	1890/91	—	do.	3	16	5	16	Ziehen
12	Rothhorn, Schweiz	800	8	8	—	250	—	60	1891	Z	—	4	17	7	9	Schieben
13	Glion-Naye, Schweiz	800	8	8	—	220	—	80	1891	Z	—	6	17	7	10	do.
14	S. Domingo, Centralamerika	765	6.4	36	40	90	50	100	1891	—	A & Z	4	25	7	50	Ziehen
15	Mte. Salève, Savoien, elektr.	1000	9.0	9	—	250	—	35	1891	Z	—	14	7	2.5	10	Schieben
16	Usui Toge, Japan	1067	8.5	11	25	67	—	260	1891/92	—	A & Z	4	36	10	100	do.
17	Aix-les-Bains-Revard, Savoien	1000	9.2	9.2	—	210	—	75	1891/92	Z	—	7	18	7	10	do.
18	Montserrat, Spanien	1000	8	8	—	150	—	80	1891/92	Z	—	5	17	6	20	do.
19	Schafberg, Oesterreich	1000	6	6	—	255	—	100	1892/93	Z	—	6	17	7	9	do.
20	Beyrut-Damaskus, Syrien	1050	32	146	25	70	100	120	1893/94	—	A & Z	10	43	10	100	Ziehen
21	Travnik-Bugojno, Bosnien	760	6.3	42	15	45	125	125	1893/94	—	do.	7	36	8	120	do.
22	Rimamurany-Sàlgo Tarjàn, Ungarn	635	0.2	3.2	35	140	—	—	1895	—	A & Z	2	3	2,5	12	Schieben
23	Snowdon, England	800	7.3	7.3	—	183	—	80	1895	Z	—	5	18	7	16	do.
24	Tiszolcz-Zòlyom brèzo, Ungarn	1435	6.0	16.0	22	50	180	200	1895	—	A & Z	3	71	14	175	do.
25	Mount Lyell, Australien	1067	7.6	23.3	21	63	150	200	1896	—	A & Z	3	24	5	50	do.
26	Schneeberg, Oesterreich	1000	10.0	10.0	—	200	—	80	1896	Z	—	4	17	7	15	do.
27	Gornergrat, Schweiz	1000	10.0	10.0	—	200	—	80	1896/97	Z	—	3	10	6	14	do.
28	Hernadthal, Ungarn	1435	0.3	1.3	20	100	120	—	1896	—	A & Z	2	15	5	32	do.
29	Silberminen Peñoles, Mexiko	760	3.0	10.0	30	150	50	50	1897	—	A & Z	2	20	—	15	do.
30	Moomnera-Mount Morgan, Australien	1067	2.3	9	20	60	160	200	1897/98	—	A & Z	2	24	5	52	do.
			258,5	648,3												

Nach den Erfahrungen bei der Harzbahn nutzen sich die Zähne der Zahnstange in 150 Jahren nur 1 mm ab, während das Zahnrad alle 10 bis 12 Jahre erneuert werden muß. Beim Riggenbachschen System hingegen müssen die Zahnräder alle zwei Jahre ersetzt werden. Messungen an der Lokomotive TANNE nach siebenjähriger Betriebszeit und 111 723 km Laufleistung ergaben folgende Werte:

- ursprüngliche Stärke der Zähne 56 mm
- jetzige Zahnstärke 45 mm
- Abnutzung in einem Jahr 1,57 mm
- Abnutzung im Teilkreis:
  auf einer Seite des Zahnes 5,5 mm
  auf beiden Seiten des Zahnes 11 mm
- zulässige Abnutzung auf jeder Seite 8 mm
- zulässige Abnutzung auf beid. Seiten 16 mm
- Abnutzung auf 10 000 km 0,382 mm.

Die Abtsche Zahnstange kann durch die Erhöhung der Anzahl oder der Stärke der Lamellen ohne Änderung der Zahnteilung jeder beliebigen Zugmasse angepaßt werden. Eine Verstärkung der Leiterschiene hingegen ist gleichbedeutend mit einer Vergrößerung der Zahnteilung, und dies wiederum hat wesentlichen Einfluß auf die Konstruktion der Lokomotive.

Während auf der Leiterschiene bei einer Geschwindigkeit von 8 km/h hammerartige Stöße auftreten, kann bei einer Abtschen Bahn die Geschwindigkeit bis auf 25 km/h erhöht werden, ohne daß Stöße oder starke Geräusche zu befürchten sind.

Nachteilig beim System Abt ist die Verteuerung der Lokomotiven durch Einbau von Doppel- bzw. Dreifachzahnrädern, den Einbau von zwei Triebzahnradsätzen und deren Kupplung sowie einer wirksamen Tangentialfederung der Zahnscheiben. Zum Teil wurden die Einsparungen aus dem

Anlagenbereich beim Bau der Triebfahrzeuge aufgebraucht.

1893 fand in Chicago eine Weltausstellung statt. Die H. B. E. ließ es sich nicht nehmen, dort der internationalen Öffentlichkeit durch ein Modell der Harzzahnradbahn und ein Muster der Abtschen Zahnstange von ihrer Entwicklungsarbeit auf eisenbahntechnischem Gebiet zu berichten. Als Anerkennung wurde der H. B. E. eine Medaille nebst Urkunde verliehen.

18 Jahre später, 1911, erhielt Abt die Ehrendoktorwürde der Technischen Hochschule Hannover.

** S. H. der Regent von Braunschweig, Prinz Albrecht von Preußen, hat dem Hrn. Ingenieur Roman Abt, Theilhaber der hiesigen Firma Rinecker, Abt & Co., das Ritterkreuz des Ordens Heinrichs des Löwen verliehen. Hr. Abt hat sich bekanntlich große Verdienste um die Entwicklung des Zahnrad-Systems für Bergbahnen erworben und dasselbe durch seine wichtige Erfindung der mehrtheiligen Zahnstange auf eine hohe Stufe der Vollkommenheit gebracht. Sein System kam zum ersten Male auf der Harzbahn in Anwendung und hat dort glänzende Erfolge errungen.

„Neue Würzburger Zeitung" vom 13. Mai 1886.

Die Urkunde der Weltausstellung Chicago 1893
„Vereinigte Staaten von Amerika.
Die amerikanische Weltausstellungskommission ist durch Kongreßbeschluß ermächtigt. Auf der internationalen Weltausstellung, die im Jahre 1893 in der Stadt Chicago im State Illinois abgehalten wird, wurde nach gründlicher Prüfung und Richterspruch im Namen eines Beratungsausschusses internationaler Gutachter beschlossen, der
Halberstadt-Blankenburger Eisenbahn-Gesellschaft
Harzer Zahnradsystem
eine Medaille zuzuerkennen. Für das gut konstruierte Muster einer Abtschen Zahnstange zwischen den Schienen auf der Blankenburg-Tanner-Eisenbahnlinie zum Überwinden steiler Neigungen und für eine Dampfmaschine, konstruiert für die Bahn, die auf steilen Neigungen mit der Verzahnung im Eingriff ist und in leichten Neigungen nur durch Reibung betrieben wird; zusammen mit einem Streckenprofil und einem Modell der Eisenbahnlinie."

9

Die Bilanz nach 25 Jahren

1898 bestand die Halberstadt-Blankenburger Eisenbahngesellschaft 25 Jahre, der Betriebsteil Harzbahn 13 Jahre. Die H. B. E. als Aktiengesellschaft gegründet, war gemäß Statut bis 1886 von einem Verwaltungsrat geleitet worden, bestehend aus maßgebenden Vertretern der Aktionäre. Infolge der neuen Aktiengesetzgebung wurde 1886 der Verwaltungsrat in den Aufsichtsrat umgewandelt. Die Leitung der Geschäfte übernahm die Direktion mit Sitz in Blankenburg.
Die Anfänge des Unternehmens waren bescheiden, die Betriebsresultate der Jahre 1874 bis 1877 völlig unbefriedigend. Für die Jahre 1873, 1875, 1876 und 1877 konnte bei der Geringfügigkeit der Reinerträge keine Dividende gezahlt werden, während aus den Erträgen des

Betriebs- und Verkehrsergebnisse der H. B. E.

Jahr	
Die Betriebslänge der Bahn betrug am Schlusse des Jahres	km
Das Anlagekapital betrug	Mark
Die Züge haben durchfahren	Zug-km
Durchschnittlich täglich	Zug-km
Personen sind befördert im Ganzen	
Diese haben durchfahren	km
Durchschnittlich jede Person	km
Die Einnahmen aus dem Personenverkehr einschl. der Nebenerträgnisse betrugen	Mark
Für den km Betriebslänge	Mark
Durchschnittlich für jeden Personen-km	Pfg
Güter aller Art sind befördert	t
Tonnenkilometer sind geleistet	tkm
Durchschnittlich jede Tonne	km
Die Einnahmen aus dem Güterverkehr einschl. der Nebenerträgnisse betrugen	Mark
Für den km Betriebslänge	Mark
Durchschnittlich für 1 Tonnenkilometer	Pfg
Die sonstigen Einnahmen betrugen	Mark
Die Gesamt-Einnahme betrug	Mark
Für den km Betriebslänge	Mark
Die Betriebskosten ausschließlich der Ausgaben der Erneuerungsfonds und Reservefonds betrugen	Mark
Für den km Betriebslänge	Mark
Die Rücklagen in die Erneuerungs- und Reservefonds betrugen	Mark
Der Überschuß der Einnahmen über die Ausgaben einschl. Rücklagen in die Fonds betrug	Mark
Für den km Betriebslänge	Mark
Im Verhältnis zum Anlagekapital	%
Höhe der Dividende für die Stammactien	%

Betriebes im Jahre 1878 1 1/2 % und im Jahr 1879 1 % auf das Prioritäts-Aktien-Kapital verteilt werden konnten.

Die allgemeine wirtschaftliche Krise in den Jahren nach dem Deutsch-Französischen Krieg und die um Jahre verspätete Inbetriebnahme des Blankenburger Hochofenwerkes waren die hauptsächlichsten Gründe. Das Werk, das die eigentliche Grundlage der Prosperität des Unternehmens bilden sollte, war erst im Jahre 1875 mit nur einem Ofen in Betrieb gegangen. Und auch dieser Ofen war als Folge des Darniederliegens der Eisenindustrie nicht durchgehend unter Feuer. Erst mit der Inbetriebnahme der 5,66 km langen Zweigbahn von Langenstein nach Derenburg (Zuckerfabrik) am 9. September 1880 trat das Unternehmen in eine wirtschaftlich günstige Periode. 1888 erhöhte sich das dividendenberechtigte Anlagenkapital durch den Zugang der zur leihweisen Beschaffung des Baukapitals der Harzzahnradbahn Blankenburg–Tanne ausgegebenen neuen Aktien im Betrag von 1 Mio. Mark von 1,2 Mio. auf 2,2 Mio. Mark.

Die Anlage dieser Bahn war für den wirtschaftlichen Aufschwung der Gesellschaft besonders günstig. Ihre Bedeutung für das gesamte Unternehmen lag in der Entwicklung der Massentransporte von Rohprodukten, insbesondere von Kalk und Steinen, die vom Harz in das flache Land befördert werden, und deren Qualität einen sicheren Absatz garantierte. Es stellte sich eine regelmäßige Verzinsung der Aktien aus den Reinerträ-

1874	1877	1880	1883	1886	1889	1892	1895	1897
18,87	22,27	27,93	27,93	55,08	55,08	55,08	55,08	55,08
2 325 746	2 525 958	2 802 126	2 978 642	6 313 136	7 001 830	7 530 402	8 051 518	8 257 161
49 385	58 233	80 130	96 724	154 031	201 771	222 433	238 523	270 410
135	160	220	265	422	553	609	653	741
79 406	89 775	101 322	135 735	206 537	246 586	297 124	318 317	353 600
1 232 130	1 305 737	1 540 017	2 010 138	2 696 364	4 100 498	5 040 186	5 419 609	5 937 529
15,5	14,5	15,2	14,8	13,1	16,6	17,0	17,0	16,8
47 211	52 144	55 752	70 115	93 262	151 165	185 417	193 745	208 776
2 502	2 763	2 748	2 858	2 342	2 744	3 366	3 518	3 790
3,8	4,0	3,6	3,5	3,5	3,7	3,7	3,6	3,5
40 659	70 194	120 759	155 955	199 443	300 617	355 636	355 823	408 926
645 327	1 104 213	2 199 453	2 826 489	2 851 209	7 208 508	8 799 975	9 379 867	11 317 633
15,9	15,7	18,2	18,1	14,3	24,0	24,7	26,4	27,7
47 727	105 850	202 900	264 132	226 686	508 669	613 819	608 384	682 015
2 529	4 753	8 402	9 457	5 092	9 235	11 144	11 045	12 382
7,4	9,6	9,2	9,3	8,0	7,1	7,0	6,5	6,0
16 599	46 240	48 064	53 139	59 006	88 584	103 650	132 327	150 555
111 537	204 234	306 716	387 386	378 954	748 418	902 886	934 456	1 041 346
5 911	9 171	12 700	13 870	8 512	13 588	16 392	16 965	18 906
119 894	142 200	204 023	225 021	223 036	398 691	496 213	502 845	539 944
6 354	6 385	8 448	8 057	5 010	7 238	9 009	9 129	9 803
–	44 000	10 000	10 000	10 000	23 076	39 890	30 380	47 113
–	18 034	92 693	152 365	145 918	326 651	366 783	401 231	454 289
–	810	3 838	5 455	3 278	5 930	6 659	7 285	8 248
–	0,71	3,31	5,12	2,31	4,66	4,87	4,98	5,50
–	–	–	4	4	4 1/2	5	5 1/2	6

Wagenparkstatistik der H. B. E

Zusammenstellung
der Personen-, Gepäck- und Güterwagen.

Beschafft im Jahre	Personen-Wagen	Gepäck-Wagen	Bedeckte Güterwagen	Offene Güterwagen	Specialgüterwagen
	Anzahl				
1873	7	3	15	42	—
1874	3	—	—	—	—
1879	—	—	20	—	—
1881	—	—	—	5	1
1882	—	—	—	10	—
1883	—	—	—	4	—
1884	—	—	6	30	—
1885	6	2	—	—	—
1886	1	—	—	28	—
1887	—	—	8	—	—
1888	—	—	7	—	90
1889	—	—	4	2	—
1890	12	—	10	—	44
1891	—	—	—	25	25
1892	—	—	5	—	—
1893	—	—	—	—	25
1894	—	—	—	2	—
1895	—	—	20	—	50
1896	—	—	—	—	1
1897	—	—	—	—	2
1898	—	—	25	—	50
	*29	5	120	148	**288

Bemerkungen

* Die 29 Personenwagen setzen sich zusammen aus:
1 Salonwagen
5 Wagen I. u. II. Klasse
3 „ I., II. u. III. Klasse
5 „ II. u. III. „
9 „ III. „
3 Aussichtswagen II. „
3 desgl. III. „
29 Wagen mit zusammen
80 Plätzen I. Klasse
310 „ II. „
758 „ III. „

Hierzu treten noch 5 Stück der im Jahre 1898 eingestellten bedeckten Güterwagen, die mit Endperrons, Fenstern pp. für den Personentransport eingerichtet sind und zusammen 200 Plätze III. Klasse enthalten.

** Die Zahl der Specialwagen setzt sich zusammen aus:
20 Langholzwagen
16 Erztransportwagen
1 Gastransportwagen
251 Kalktransportwagen
288 Wagen.

gen des Betriebes ein, wobei nach 1891 der Prozentsatz der Dividenden bis auf 5 $^1/_2$ % anstieg. Der laufende Zuwachs an Industriekapazität führte zu erheblichen Schwierigkeiten in der Gestellung der Güterwagen. Trotz der Anmietung von 30 gedeckten Güterwagen und der Beschleunigung des Wagenumlaufes war es über einen längeren Zeitraum nicht gelungen, die Ansprüche der Verkehrskunden rechtzeitig zu befriedigen. Der Bestand an rollendem Material mußte 1898 um 50 eiserne Kalkdeckelwagen und 25 gedeckte Güterwagen erhöht werden.

Des weiteren wurde die Erhöhung des Lokomotivbestandes um eine Harzbahnmaschine und die Erweiterung der Gleisanlagen auf den Bahnhöfen Rübeland, Blankenburg und Börnecke notwendig.

Die H. B. E. hatte 1872 ihre Arbeit mit 78 Beamten und Arbeitern begonnen. Nach 25 Betriebsjahren war der Personalbestand 149 Beamte und 115 Arbeiter.

Der Lokomotivpark der H. B. E. im Jahre 1897.
Quelle: Werner Glanz, 25 Betriebsjahre der H. B. E.

der im Jahre 1897 vorhande

		I.
Name der Locomotiven		Ziegen
Name des Fabrikanten und Fabrikortes		Hannove Maschin Actie Gesellsc vorm G. Eges in Lir vor Han
Zeit der Inbetriebnahme		1. März
Adhäsionscylinder	Durchmesser in mm	43
	Kolbenhub „	61
	Lage derselben	auss
Zahnradcylinder	Durchmesser in mm	—
	Kolbenhub „	—
	Lage derselben	—
Kessel	Durchmesser in Metern	[illegible]
	Länge „	[illegible]
	Anzahl der Siederöhren	17
Heizfläche	im Feuerkasten in □-Metern	[illegible]
	in den Röhren „	9
	zusammen „	10
Ueberdruck des Dampfes	höchster polizeilich conc im Kessel (kg pr. □cm)	[illegible]
	höchster im Cylinder (kg pr. □cm)	[illegible]
Anzahl der Treibräder	der Adhäsionsmaschine	[illegible]
	der Zahnradmaschine	4
Anzahl der Laufräder		—
Durchmesser	der Adhäsionstreibräder (m)	[illegible]
	der Zahnradtreibräder	—
	der Laufräder	—
Der Räder adhärirendes Gewicht (Tonnen)		26
Aeusserer Radstand (m)		2
Eigengewicht	ohne Wasser und Kohlen (Tonnen)	31
	mit „ „ „	34
	mit Tender ohne Wasser u. Kohlen (Tonnen)	44
Grösste Zugkraft (Tonnen) (bei den Zahnradlocomotiven bei 1 : 16,66)		[illegible]
Vortheilhafteste Geschwindigkeit in Kilometern pro Stunde	der Adhäsionsmaschine	15
	der Zahnradmaschine	—
Beschaffungskosten der Locomotiven	incl. Tender und Reservetheile . . . M	66 37
	pro Tonne Gewicht „	1 50

Nachweisung

wesenen Locomotiven und ihrer hauptsächlichsten Constructionstheile.

I. nstein	III. Blankenburg	IV. Regenstein	V. Derenburg	VI. Prinz Albrecht	VII. Albert Schneider	VIII. Roman Abt	IX. Kybitz	X. Rübeland	XI. von Cramm-Burgdorf	XII. Börnecke	XIII. Elbingerode	XIV. Brocken
ie I	Krauss & Co. in München	A. Borsig in Berlin	Wie IV	Esslinger Maschinen-Fabrik in Esslingen	Wie VI	Wie VI	Wie VI	Wie VI	Wie VI	Wie VI	Wie VI	Wie VI
il 1873	1. Nov. 1873	11. Oct. 1878	9. Oct. 1881	April 1885	Sept. 1885	Oct. 1885	Dec. 1885	Mai 1886	Mai 1887	März 1889	März 1894	März 1895
32	290	432	432	450	450	450	450	350	450	432	350	450
10	540	609	609	600	600	600	600	550	600	609	550	600
ssen	aussen	aussen	aussen	aussen	aussen	aussen	aussen	aussen	aussen	aussen	aussen	aussen
—	—	—	—	300	300	300	300	—	300	—	—	300
—	—	—	—	600	600	600	600	—	600	—	—	600
—	—	—	—	innen	innen	innen	innen	—	innen	—	—	innen
1,188	1,100	1,280	1,280	1,408	1,408	1,408	1,408	1,106	1,408	1,314	1,106	1,408
4,396	3,350	4,330	4,330	3,965	3,965	3,965	3,965	3,240	3,965	4,250	3,240	3,965
72	127	166	166	251	251	251	251	133	251	214	133	251
9,3	4,48	7,26	7,26	8,3	8,3	8,3	8,3	5,15	8,3	7,87	5,15	8,3
92,0	54,86	103,96	103,96	127,7	127,7	127,7	127,7	55,50	127,7	117,15	55,50	127,7
01,3	59,34	111,22	111,22	136,0	136,0	136,0	136,0	60,65	136,0	125,02	60,65	136,0
9,297	12,896	10	10	10	10	10	10	12	10	10	12	10
6,36	8,466	6,666	6,666	8,852	8,852	8,852	8,852	8	8,852	6,666	8	8,852
4	4	6	6	6	6	6	6	6	6	6	6	6
—	—	—	—	2	2	2	2	—	2	—	—	2
—	—	—	—	2	2	2	2	—	2	—	—	2
1,448	0,973	1,371	1,371	1,250	1,250	1,250	1,250	1,080	1,250	1,371	1,080	1,250
—	—	—	—	0,573	0,573	0,573	0,573	—	0,573	—	—	0,573
—	—	—	—	0,750	0,750	0,750	0,750	—	0,750	—	—	0,750
26	24	36	36	43	43	43	43	29,65	43	37	29,65	43
2,862	2,450	3,295	3,295	3,05	3,05	3,05	3,05	3,0	3,05	3,320	3,0	3,05
31	17,5	31,8	31,8	47,5	47,5	47,5	47,5	23,35	47,5	31	23,35	47,5
34	24	36	36	55	55	55	55	29,65	55	37	29,65	55
44,2	17,5	43,3	43,3	—	—	—	—	—	—	42,3	—	—
5,90	4,16	8,55	8,55	11,35	11,35	11,35	11,35	4,94	11,35	8,55	4,94	11,35
15	11,25	14	14	15	15	15	15	12	15	14	12	15
—	—	—	—	12	12	12	12	—	12	—	—	12
375	42 000	43 808	35 489	57 000	57 000	57 000	57 000	18 600	53 000	35 425	25 500	52 000
01,80	2 400,00	1 011,80	819,61	1 200,00	1 200,00	1 200,00	1 200,00	796,57	1 115,79	837,00	1 092,08	1 094,73

10

Der Abschnitt Wechsel – Drei Annen Hohne

Um auch den Reiseverkehr zu beleben, baute die Halberstadt-Blankenburger Eisenbahngesellschaft eine Verbindung zwischen der Harzbahn und der Wernigeröder Eisenbahn. Diese Verbindungsstrecke zweigte von der Zahnradbahn Blankenburg–Tanne kurz vor der Wechselstation südlich von Elbingerode ab und erreichte nach 4,16 km den Bahnhof Drei Annen Hohne. Der Baubeginn war im Jahre 1905, die Eröffnung des Streckenabschnitts am 1. Mai 1907. Die Strecke ermöglichte eine bequeme Eisenbahnreise von Halberstadt–Quedlinburg–Thale über Blankenburg nach dem Brocken und den Stationen der Harzquerbahn.

Der Haltepunkt Elbingerode Bornbergstraße 2 wurde zum Betriebs- und Personenbahnhof ausgebaut. Der Bahnhof erhielt die neue Bezeichnung Elbingerode-West. Die Wartehalle wurde entfernt und dafür an der Nordwestseite des Bahnhofs ein neues Empfangsgebäude mit Güterschuppen und Nebengebäude errichtet. Außerdem wurden ein Lokomotivschuppen und eine Wasserstation errichtet.

Die Trasse folgte nach ihrer Abzweigung von der Harzbahn der Chaussee nach Drei Annen

Sonderfahrten der H. B. E. zwischen Rübeland und der Hohne um die Jahrhundertwende, oder gar Schienenersatzverkehr?

Hohne. Die maximale Neigung betrug 1:40. Bauwerke gab es an der Strecke nicht.
Auf dem Bahnhof Drei Annen Hohne lag die Bahnhofshorizontale der Harzbahn 5 m tiefer als die der Harzquer- und Brockenbahn. Es wurden außer dem Hauptgleis ein Maschinenwechselgleis und ein Ladegleis hergestellt. An Hochbauten ist ein Empfangsgebäude mit Güterschuppen errichtet. Zur Harzquer- und Brockenbahn besteht ein Fußgängertunnel.

Bahnhof Elbingerode-West, die ehemalige Haltestelle Bornbergstraße 2, um 1910.

Bahnhof Drei Annen Hohne um 1910. Im Hintergrund rangiert ein Zug der Harzquerbahn.

11

Die Erhöhung der Leistungsfähigkeit

Das Verkehrsaufkommen für die Harzbahn hatte in den Jahren nach der Jahrhundertwende einen Umfang angenommen, der es notwendig machte, täglich 50 Güterzüge zu fahren. Das war nur noch bei teilweisem Nachtbetrieb möglich. Selbst bei einem Abstand der Block- und Kreuzungsstellen von nur 3 km wurde es immer schwieriger, die Reisezüge planmäßig über die Strecke zu bringen, da auf jedem Bahnhof und jeder Ausweichstelle Kreuzungen mit Güterzügen notwendig waren.

Um die Leistungsfähigkeit der Bahn zu erhöhen, wurde es unumgänglich, die Durchlaßfähigkeit der Strecke zu steigern. Dafür gab es zwei Möglichkeiten: die Fahrgeschwindigkeit heraufzusetzen und die Zugmassen zu erhöhen.

Die Fahrzeiten

Diese Situation stellte die H. B. E. vor nahezu unüberwindliche Schwierigkeiten, denn sie hatte wie die Südharz-Eisenbahn, die Nordhausen-Wernigeröder und die Gernrode-Harzgeröder Eisenbahn, feste und nicht zu ändernde Bindungen an die Fahrpläne der Preußischen Staatsbahn. Territorial gelegen zwischen der Preußischen Staatsbahn und den Privatgesellschaften des Harzes gelang es ihr nicht mehr, den Zusammenschluß der Reisefahrpläne herzustellen und den Reisenden die Weiterfahrt ohne längeren Aufenthalt zu ermöglichen.

So mußte während der Sommerfahrplanperiode 1906 der Zug Nr. 24 der H. B. E. planmäßig 12.18 Uhr ab Halberstadt verschiedene Male den verspäteten Berliner Schnellzug Nr. 38, 12.15 Uhr an Halberstadt, abwarten. Dies führte zur Verspätung des gemischten Zuges Nr. 106 ab Blankenburg 12.54 Uhr und planmäßig an Tanne 15.04 Uhr. Die Folge: Die Reisenden erreichten in Tanne nicht den Zug Nr. 8 der Südharz-Eisenbahn. Dieser Zug mußte pünktlich verkehren, sonst hätte er in Walkenried nicht den preußischen Anschluß, den Zug Nr. 287 nach Nordhausen, bekommen. Die Reisenden hatten also einen unfreiwilligen Aufenthalt von

4. Halberstadt-Blankenburg-Thale.

Anschl. s. unt. 2, 4a, 6 u. 7.

km													Station										
0.0	—	30., 31. Mai, 1. Juni, Sonntags im Juni, Juli und August bis auf Weiteres	7^{14}	8^{20}	10^{5}	11^{5}	*12^{20}	2^{12}	—	3^{55}	6^{35}	9^{20}	†10^{10}	ab Halberstadt an	6^{17}	7^{31}	9^{50}	*11^{47}	1^{44}	2^{57}	5^{18}	8^{8}	—	†9^{42}
4.0	7^{26}		7^{26}	8^{28}	10^{27}	11^{13}	12^{28}	2^{23}	§2^{23}	4^{3}	6^{46}	9^{34}	10^{18}	„ Spiegelsberge „	6^{8}	7^{24}	9^{43}	11^{38}	1^{35}	2^{50}	5^{11}	8^{1}	§8^{56}	9^{32}
19.8	7^{43}		7^{43}	8^{39}	10^{55}	11^{24}	|	2^{38}	2^{38}	4^{14}	7^{5}	9^{50}	10^{30}	„ Langenstein „	5^{54}	7^{11}	9^{32}	11^{24}	1^{22}	2^{39}	5^{0}	7^{50}	8^{46}	9^{18}
14.7	8^{0}		7^{56}	8^{49}	11^{13}	11^{34}	|	2^{52}	2^{56}	|	7^{18}	10^{2}	10^{41}	„ Börnecke × „	5^{41}	7^{1}	9^{22}	11^{10}	1^{10}	2^{28}	4^{50}	7^{39}	8^{35}	9^{6}
8.8	—		8^{5}	8^{56}	11^{23}	11^{41}	12^{51}	3^{1}	|	4^{29}	7^{27}	10^{11}	10^{49}	an Blankenburg ab	5^{30}	6^{53}	9^{15}	11^{0}	1^{0}	2^{20}	4^{42}	7^{32}	|	8^{56}
—	8^{22}		—	—	—	—	—	—	3^{18}	—	—	—	—	an Thale-Bodetal ab	—	—	—	—	—	—	—	—	8^{12}	—

* verk. 26. Mai bis 15. Septbr. tägl. u. 19. u. 26. Septbr. § verk. 30., 31. Mai, 1. Juni, Mittwochs u. Sonntags i. Juni, Juli, August. † verk. 30. Mai bis 15. Septbr.

Blankenburg-Tanne bezw. Elbingerode-West-Dreiannen-Hohne

A. s. u. 14b u. 15b.

km															Station														
.	—	5^{45}	—	8^{12}	9^{6}	täglich vom 30. Mai ab 10^{46}	1^{2}	—	3^{17}	—	4^{34}	*6^{4}	—	8^{30}	ab Blankenburg an	9^{0}	—	10^{0}	11^{41}	12^{24}	2^{8}	täglich vom 30. Mai ab 2^{56}	1.–29. Mai, Juni, Spt. Wocht. auß. 1. Juni	4^{46}	—	7^{20}	8^{24}	—	11^{8}
22.3	—	6^{0}	—	8^{27}	9^{21}	11^{1}	1^{12}	—	3^{32}	—	4^{48}	6^{19}	—	8^{45}	„ Westend-Blankb. × „	8^{52}	—	9^{50}	11^{32}	12^{16}	1^{59}	2^{47}		4^{35}	—	7^{11}	8^{15}	—	10^{59}
24.4	—	6^{15}	—	8^{43}	9^{36}	11^{17}	1^{22}	—	3^{47}	—	5^{0}	6^{34}	—	9^{0}	„ Bast-Michaelst. „	8^{45}	—	9^{39}	11^{20}	12^{9}	1^{51}	2^{39}		4^{28}	—	7^{3}	8^{3}	—	10^{47}
27.0	—	6^{28}	—	|	9^{49}	11^{30}	|	—	4^{0}	—	|	6^{50}	—	9^{13}	„ Braunesumpf × „	—	—	9^{22}	11^{3}	|	1^{35}	|		|	—	6^{49}	7^{49}	—	|
28.7	—	6^{43}	—	9^{09}	10^{2}	11^{44}	1^{43}	—	4^{14}	—	5^{23}	7^{3}	—	9^{20}	„ Hüttenrode „	8^{27}	—	9^{12}	10^{53}	11^{47}	1^{23}	2^{17}		4^{10}	—	6^{38}	7^{40}	—	10^{24}
	—	6^{58}	—	9^{20}	10^{13}	11^{55}	1^{54}	—	4^{25}	—	5^{34}	7^{18}	—	9^{44}	an Rübeland ab	8^{6}	—	8^{52}	10^{32}	11^{25}	1^{2}	1^{56}		3^{48}	—	6^{17}	7^{19}	—	10^{3}
32.2	—	7^{10}	—	9^{30}	10^{23}	11^{59}	1^{55}	—	an	4^{40}	5^{39}	7^{30}	7^{30}	9^{55}	ab Rübeland an	7^{57}	—	8^{42}	10^{22}	11^{16}	12^{53}	1^{47}	3^{16}	—	*3^{43}	6^{11}	7^{0}	*9^{53}	9^{53}
36.2	—	7^{32}	—	9^{50}	10^{42}	12^{15}	2^{12}	—	—	5^{0}	5^{57}	7^{50}	7^{50}	10^{13}	„ Elbingerode-Hbhf. „	7^{44}	—	8^{29}	10^{6}	11^{0}	12^{40}	1^{34}	3^{0}	—	3^{30}	5^{58}	6^{44}	9^{37}	9^{37}
37.5	—	7^{37}	—	9^{55}	10^{47}	12^{20}	2^{17}	—	—	5^{5}	6^{2}	7^{55}	7^{55}	an	an „ West ab	7^{38}	—	8^{24}	9^{56}	10^{53}	12^{34}	1^{29}	2^{55}	—	3^{25}	5^{51}	6^{37}	9^{30}	9^{30}
.	6^{50}	—	7^{45}	9^{58}	—	12^{28}	—	2^{18}	—	5^{8}	—	—	8^{5}	—	ab Elbingerode-West an	—	7^{32}	8^{24}	—	10^{49}	—	1^{29}	2^{55}	—	3^{25}	—	6^{35}	—	9^{25}
6.0	7^{5}	—	8^{0}	10^{13}	—	12^{35}	—	2^{30}	—	5^{23}	—	—	8^{20}	—	an Dreiannen-Hohne ab	—	7^{20}	8^{12}	—	10^{34}	—	1^{17}	2^{40}	—	3^{13}	—	6^{20}	—	9^{10}
37.5	—	7^{41}	—	—	10^{50}	—	2^{22}	—	—	—	6^{5}	7^{58}	—	—	ab Elbingerode-West an	7^{36}	—	—	9^{52}	—	12^{33}	—	—	—	—	5^{50}	—	9^{29}	—
42.5	—	8^{20}	—	—	11^{9}	—	2^{41}	—	—	—	6^{20}	8^{20}	—	—	„ Rotehütte-Königshf. ab	7^{15}	—	—	9^{30}	—	12^{12}	—	—	—	—	5^{29}	—	9^{8}	—
49.3	—	8^{35}	—	—	11^{24}	—	2^{56}	—	—	—	6^{33}	8^{35}	—	—	an Tanne „	6^{57}	—	—	9^{0}	—	11^{54}	—	—	—	—	5^{11}	—	8^{50}	—

* verk. im Juli und August täglich, im Juni und September nur Sonntags, sowie am 30., 31. Mai und 1. Juni.

4a. Blankenburg-Quedlinburg bezw. Thale.

Anschl. s. unter 7 u. 8.

km														Station															
.	5^{28}	5^{40}	7^{0}	†7^{40}	9^{5}	10^{10}	*10^{50}	1^{10}	2^{14}	3^{8}	4^{55}	§8^{35}	8^{52}	—	ab Blankenburg an	6^{35}	7^{30}	8^{5}	9^{55}	*10^{39}	12^{50}	2^{44}	3^{41}	—	5^{51}	—	7^{25}	8^{15}	§10^{58}	—
5.5	|	|	|	|	|	|	|	1^{21}	|	|	|	8^{46}	9^{3}	—	„ Helsungen × „	|	|	|	|	|	|	2^{33}	3^{30}	—	|	—	7^{14}	8^{4}	—	—
7.2	5^{38}	5^{56}	7^{15}	7^{52}	9^{17}	10^{25}	11^{2}	1^{26}	2^{26}	3^{24}	5^{7}	8^{51}	9^{8}	—	an Timmenrode ab	6^{23}	7^{18}	7^{53}	9^{43}	10^{27}	12^{38}	2^{28}	3^{25}	—	5^{35}	—	7^{9}	7^{59}	10^{42}	—
.	5^{42}	—	7^{18}	—	9^{22}	10^{26}	—	1^{27}	—	3^{26}	5^{11}	8^{52}	—	—	ab Timmenrode an	6^{22}	—	7^{51}	9^{42}	—	12^{37}	2^{25}	—	—	5^{31}	—	7^{8}	—	10^{40}	—
1.9	5^{46}	—	7^{22}	—	|	10^{30}	—	1^{31}	—	3^{30}	|	8^{56}	—	—	„ Thale Nord × „	6^{19}	—	7^{47}	|	—	12^{34}	2^{21}	—	—	|	—	7^{4}	—	10^{36}	—
2.1	5^{50}	—	7^{26}	—	9^{30}	10^{34}	—	1^{35}	—	3^{34}	5^{19}	9^{0}	—	—	an Thale-Bodetal ab	6^{15}	—	7^{43}	9^{35}	—	12^{30}	2^{17}	—	—	5^{23}	—	7^{0}	—	10^{32}	—
.	—	5^{57}	—	7^{55}	9^{18}	—	11^{3}	1^{30}	2^{27}	—	5^{8}	—	9^{10}	—	ab Timmenrode an	—	7^{17}	—	9^{13}	10^{26}	12^{34}	—	3^{23}	—	5^{34}	—	—	7^{58}	10^{36}	—
10.3	—	6^{6}	—	8^{4}	9^{24}	—	11^{9}	1^{40}	2^{33}	—	5^{14}	—	9^{19}	—	„ Warnstedt „	—	7^{11}	—	9^{5}	10^{18}	12^{28}	—	3^{15}	—	5^{26}	—	—	7^{50}	10^{30}	—
12.4	—	6^{13}	—	8^{11}	9^{29}	—	11^{14}	1^{48}	2^{38}	—	5^{20}	—	9^{26}	—	„ Weddersleben „	—	7^{6}	—	8^{57}	10^{11}	12^{23}	—	3^{8}	—	5^{19}	—	—	7^{43}	10^{25}	—
15.4	—	6^{19}	—	8^{17}	|	—	11^{20}	1^{54}	|	—	5^{26}	—	9^{32}	—	„ Dippenword × „	—	6^{59}	—	8^{49}	10^{4}	12^{16}	—	3^{1}	—	|	—	—	7^{36}	10^{18}	—
17.9	—	6^{25}	—	8^{23}	9^{39}	—	11^{25}	2^{0}	2^{48}	—	5^{32}	—	9^{38}	—	an Quedlinburg ab	—	6^{53}	—	8^{43}	9^{58}	12^{10}	—	2^{55}	—	5^{5}	—	—	7^{30}	10^{12}	—

† verk. 30., 31. Mai, 1. Juni u. Sonntags im Juni, Juli, August. * verk. vom 30. Mai ab täglich. § verk. 30., 31. Mai, 1. Juni, im Juni u. Septb. Sonntags, im Juli u. August täglich.

4b. Blankenburg bezw. Halberstadt-Langenstein-Derenburg-Minsleben.

Anschl. s. unt. 4, 4a u. 6.

km															Station												
—	—	8^{20}	11^{5}		—	—	2^{12}	—	6^{35}	—		—	Juni, Juli, August Sonntags, 30., 31. Mai u. 1. Juni	9^{20}	ab Halberstadt an	6^{17}	9^{50}	—	1^{44}	—	—	5^{18}	—	8^{8}	—	—	Juni, Juli, August Sonntags, 30., 31. Mai und 1. Juni
—	—	8^{38}	11^{23}		—	—	2^{36}	—	7^{0}	—		—		9^{49}	an Langenstein ab	5^{54}	9^{32}	—	1^{22}	—	—	5^{0}	—	7^{50}	—	—	
.	7^{45}	—	11^{0}	vom 26. V. bis 15. IX. und 19. und 26. IX.	11^{55}	2^{20}	—	6^{0}	—	8^{56}	vom 30. V. bis 15. IX	—		—	ab Blankenburg an	—	—	10^{6}	—	2^{11}	4^{29}	—	—	—	9^{15}	11^{10}	
4.1	7^{57}	—	11^{10}		12^{2}	2^{28}	—	6^{7}	—	9^{6}		—		—	„ Börnecke × „	—	—		—		|	—	—	—	9^{7}	11^{3}	
9.0	8^{7}	—	11^{21}		12^{11}	2^{37}	—	6^{16}	—	9^{17}		—		—	an Langenstein ab	—	—	|	—	|	4^{14}	—	—	—	8^{54}	11^{53}	
14.5	8^{10}	8^{42}	11^{30}		12^{12}	—	2^{48}	6^{17}	7^{12}	—		9^{20}		9^{55}	ab Langenstein an	5^{52}	9^{27}	9^{50}	1^{17}	1^{56}	—	4^{0}	—	7^{45}	8^{53}		
	8^{25}	8^{54}	11^{42}		12^{24}	—	2^{55}	6^{29}	7^{23}	—		9^{32}		10^{10}	„ Derenburg „	5^{40}	9^{15}	9^{39}	1^{5}	1^{45}	—	3^{48}	—	7^{30}	8^{42}	10^{45}	
18.7	8^{36}	an	an		12^{34}	—	an	6^{39}	an	—		—		an	„ Silstedt „	—	—	9^{28}	—	1^{35}	—	—	—	—	8^{32}	|	
21.3	8^{44}				12^{41}	—		6^{47}		—		9^{49}			an Minsleben Sts.-Bf. ab	—	—	9^{20}	—	1^{28}	—	—	—	—	8^{24}	10^{20}	

Fahrplan der H. B. E. im Jahre 1909.

fast drei Stunden in Tanne. Das ist ein Beispiel von vielen, die in ihrer Gesamtheit nicht zur Belebung und Förderung des öffentlichen Verkehrs im Harz beitrugen.

Die Direktion der H. B. E. war sich klar darüber, daß eine Rücksichtnahme der Preußischen Staatsbahn auf den Innerharz-Verkehr wohl kaum erwartet werden könnte. Mithin blieb zur Entspannung der Fahrplansituation nur die Steigerung der Fahrgeschwindigkeiten auf den Harzbahnen im Rahmen der Bestimmungen der Eisenbahn-Bau- und Betriebsordnung. Im März 1900 hatten auf der Harz-Zahnradbahn im Beisein der Königlich Preußischen Aufsichtsbehörde, des Herzoglich Braunschweigischen Eisenbahn-Kommissariats sowie der Herzoglichen Kreisdirektion Probefahrten stattgefunden, bei denen die dem seinerzeitigen Fahrplan zugrunde liegenden Geschwindigkeiten ermittelt und festgelegt worden waren.

Reine Personenzüge von 14 Achsen oder 90 t Zugmasse konnten hiernach wie folgt fahren:

– geschobene Züge in Adhäsions- und Zahnstangenabschnitten mit 15 km/h,
– gezogene Züge in Zahnstangenabschnitten mit 15 km/h, in Adhäsionsabschnitten mit 30 km/h und auf den reinen Adhäsionsstrecken von Tanne bis Rothehütte und umgekehrt sowie von der Zahnstangenausfahrt an der Hütte bis Bahnhof Blankenburg mit 40 km/h.

Besondere Vorschriften für das langsame Befahren einzelner Teilabschnitte blieben dabei unverändert bestehen.

Die Erhöhung der Geschwindigkeit in den langen Adhäsionsstrecken von 40 auf 50 km/h war wegen der mannigfaltigen und scharfen Krümmungen und des Wechsels der Neigungen nicht opportun. Die Direktion der H. B. E. wandte sich daher am 29. Februar 1907 an das Eisenbahn-Kommissariat des Herzoglichen Braunschweigischen Staatsministeriums und beantragte nach § 66 der Eisenbahn-Bau- und Betriebsordnung Absatz 7 die Zulassung von 25 km/h Geschwindigkeit für geschobene Züge bei der Bergfahrt auf den längeren Adhäsionsstrecken anstatt der bisherigen von 15 km/h. Gleichzeitig wurde nach § 3 gebeten, von einer Ausrüstung aller Bahnübergänge mit Schranken Abstand zu nehmen, was der § 66 für eine Fahrgeschwindigkeit von 25 km/h forderte. (Dies zu realisieren wäre der H. B. E. nicht möglich gewesen, denn eine Aufstellung aus dem Jahre 1907 enthält die stattliche Anzahl von 88 Übergängen über die Gleise der Strecke von Blankenburg bis Tanne, davon verkehrsreiche Wege mit Schrankenabschluß 9, ohne Schrankenabschluß 7, mit geringem Verkehr und ungesichert 72.)
Die Adhäsionsabschnitte, auf denen die Geschwindigkeit von 15 auf 25 km/h erhöht werden sollte, hatten eine Gesamtlänge von 14,7 km.
Eine Überarbeitung des Fahrplanes ergab, daß durch die Erhöhung der Geschwindigkeit auf diesen Adhäsionsstrecken von Blankenburg bis Tanne 20 min an Fahrzeit und auf der Gegenrichtung 10 min gewonnen würden.
Wenngleich dieser Gewinn an Fahrzeit, namentlich für die Fahrt nach Tanne, schon recht erheblich war und der Anschluß der Züge in Halberstadt, Tanne, Sorge und Walkenried besser gewahrt werden würde als bisher, hielt es die Direktion der H. B. E. doch noch für notwendig, weitere Fahrzeit einzusparen. Dies sollte, wie eingangs erwähnt, durch die Steigerung der Fahrgeschwindigkeit auf 20 km/h in den elf Zahnstangenabschnitten erfolgen, die insgesamt 7,5 km Länge ausmachten. Dadurch würden weitere 6 bzw. 8 min gewonnen werden.
Einer solchen Geschwindigkeitssteigerung in den Zahnstangenstrecken stand im Rahmen der Eisenbahn-Bau- und Betriebsordnung nichts entgegen, sobald nachgewiesen wurde, daß vom Standpunkt der Sicherheit des Betriebes keine Bedenken bestehen. Dieser Nachweis wurde vom rein maschinentechnischen Standpunkt geführt.
Die Steigerung der Geschwindigkeit von 15 auf 20 km/h wirkte sich nur geringfügig auf die Umdrehungszahl der Zahnräder und ihre Umfangsgeschwindigkeit aus: Bei einem Teilkreisdurchmesser der Triebzahnräder der Lokomotive von 553 mm beträgt die Zahnraddrehzahl bei 15 km/h 144 U/min, bei 20 km/h 192 U/min. Die Umfangsgeschwindigkeit steigt von 4,17 auf 5,55 m/s.
Der Antrag der H. B. E. an das Herzogliche Eisenbahn-Kommissariat schloß mit dem Hinweis, daß die Harzzahnradbahn für alle Zahnradbahnen des kombinierten Systems vorbildlich und damit gleichsam verpflichtet sei, „wenn sie nun auch in Richtung auf einen eleganteren und glatten Personenverkehr für leichte Personenzüge mit durchgehender Bremse auf Zahnstangenstrecken einen weiteren Schritt vorwärts täte".

Die Zugmassen

Der letzte Satz enthält ein Stichwort, das uns der Lösung des Problems ein wesentliches Stück näher bringt. Denn ebenso, wie die Fahrplankonstrukteure für die Reisezüge in eine Zwangslage geraten waren, ging es den Verantwortlichen für den Güterverkehr. Die Tabelle auf Seite 79 vermittelt eine Vorstellung von der hohen Belastung der Harzbahn mit ihren ohnehin schwierigen Betriebsverhältnissen auf den Steilrampen. Eine Erhöhung der Zugmassen war mithin zwingend notwendig.

Die durchgehende Bremse

Höhere Fahrgeschwindigkeiten und höhere Zugmassen erforderten jedoch eine wesentliche technische Voraussetzung: sehr leistungsfähige, zuverlässige Bremsen.

Die Verkehrsleistungen der H. B. E.

Jahr	Im Güterverkehr wurden befördert t	davon auf der Harzbahn t	Gesamtanzahl der auf allen Strecken geleisteten Güterzugkilometer	davon entfallen auf die Harzbahn	Gesamtanzahl der auf der Harzbahn gefahrenen Güterzüge
1906	619 481	376 464	127 708	82 326	3 686
1907	644 620	446 649	151 187	94 233	6 891
1908	735 127	435 174	143 040	88 150	6 273
1909	705 400	374 665	108 405	53 169	4 320

1. Mai 1907	Drei Annen Hohne eröffnet	5 km
1. Juli 1907	Blankenburg–Thale eröffnet	12 km
4. April 1908	Blankenburg–Quedlinburg eröffnet	18 km

Das war von der H. B. E. recht früh erkannt worden. Deshalb unternahm Direktor Werner Glanz 1903 eine Studienreise nach Österreich-Ungarn, Bosnien und Herzogowina. Das Anliegen dieser Reise war das Kennenlernen der dortigen Gebirgsbahnen, ebenfalls kombinierter Adhäsions-Zahnradbahnen, und ihrer Einrichtungen. Er besuchte die Eisenerz-Vordernberg-Bahn und die Strecken Sarajevo–Konjica und Travnik–Vakuf der Bosnischen Staatsbahn.

Diese Bahnen hatten ausgezeichnete Erfahrungen mit der selbständigen Güterzugbremse nach dem System Hardy gemacht, so daß sich Glanz entschloß, ebenfalls eine auf die Verhältnisse der Harzbahn zugeschnittene Bremse nach diesem System einzuführen. Die Ergebnisse hat er in der Schrift „Bericht über eine Studienreise Österreich-Ungarn, Bosnien, Herzogowina-Dalmatien. Beitrag zu der Frage einer Verbilligung der Zugkosten auf Bahnen mit Steilrampen durch Einführung eines erhöhten Talbruttos mit Hilfe durchgehender Bremsen für Güterzüge und gemischte Züge" niedergelegt.

Bereits 1904 wurden zwei Zahnrad-Lokomotiven und 16 Kalkwagen mit der Saugluftbremse ausgerüstet. Die Probefahrten erbrachten beste Ergebnisse, so daß die allgemeine Einführung der Saugluftbremse Hardy durch die Aufsichtsbehörde genehmigt wurde. In den kommenden Jahren erfolgte nun der umfassende Einbau der Bremseinrichtungen, der im wesentlichen bis 1910 durch die Betriebswerkstatt abgeschlossen wurde. Es erhielten 14 von 26 Lokomotiven, 63 von 86 Reisezugwagen sowie 351 von 844 Güterwagen Bremszylinder. Die übrigen Fahrzeuge wurden mit durchgehenden Luftleitungen ausgerüstet.

Der Kostenaufwand betrug für den Umbau

- eines Güter- oder Reisezugwagens
  - mit Bremsapparat 589 Mark
  - mit Leitung 97 Mark
- einer Güterzuglok mit Schlepptender 1 500 Mark
- einer Tenderlok C 1 1 100 Mark,

so daß für alle 956 Fahrzeuge 332 101 Mark ausgegeben wurden. Hinzu kam der Materialpreis für die Ausrüstungsteile mit fast 4,8 Mio. Mark.

Diesen Kosten standen erhebliche Betriebsersparnisse gegenüber. So wurden 1909 gegenüber 1908 13 Mann Bremspersonal und 3 952 Güterzüge eingespart. Diese Zahlen haben um so mehr Gewicht, da der bisherige Betrieb nur als Versuchsbetrieb genehmigt war und die Züge mit teilweiser Bremsbesetzung gefahren werden mußten. Allerdings hatte die Einsparung von 13 Bremsern auch zur Folge, daß das Zug- und Bremspersonal der Neuerung mit äußerstem Mißtrauen und starker Abneigung begegnete. Der Standpunkt der Direktion, es liege in der menschlichen Natur, daß alles Neue auf Ablehnung stoße, kann ja wohl nicht geteilt werden. Es gab nicht

nur einen passiven Widerstand aus der Befürchtung heraus, die Einführung der Bremse bringe viele Zugbegleiter um Beschäftigung und Brot. Zahlreiche Bremsschläuche wurden auf entlegenen Stationen oder auch auf Privatanschlüssen der Industriewerke durch Messerstiche zerstört. Auch das Verschwinden der Gummischeiben der Schlauchmundstücke war an der Tagesordnung.
Die durchgehende Hardy-Saugluftbremse ermöglichte der H. B. E. eine durchgreifende Rationalisierung des Betriebes. Vor der Einführung der Bremse betrug die Zugmasse im Schiebebetrieb ohne Lokomotive 135 t, wobei ein Drittel der Wagen mit Bremsern besetzt war.
Nach der Einführung der Bremse betrug die Zugmasse erst 270, dann 300 t für die Bergfahrt mit einer Lok an der Spitze und einer am Schluß des Zuges. Dieselbe Zugmasse wurde mit einer Lokomotive an der Spitze zu Tal befördert. Die Abbremsung betrug hierbei 45 %.
Diese Abbremsung im Gesamtzugverband wurde erreicht, da die Abbremsung der Personenwagen konstruktiv durchschnittlich auf 75 % ausgelegt wurde, die der Post-, Gepäck- und Güterwagen auf durchschnittlich 62 % im beladenen Zustand. Es ist bemerkenswert, daß die Güterwagen eine handbetätigte Lastabbremsung erhielten! Im leeren Zustand erhöhte sich ihre Abbremsung auf 70 bis 80 %.
Den Güterzügen wurden noch drei Bremser beigegeben. Erforderlich waren sie nicht, da alle Bremsungen von der Lokomotive erfolgten.

Die Versuchsfahrten

Vom 1. Juli 1908 an wurden alle Züge auf der Harzbahn mit der durchgehenden Luftbremse gefahren, allerdings nach wie vor mit Ausnahmeregelung im Versuchsbetrieb. Um aus diesem Status herauszukommen, hatte die H. B. E. zu Versuchsfahrten eingeladen. Am Freitag, dem 13. Februar 1909, um 11.00 Uhr, fand die erste Versuchsfahrt mit einem 120 Achsen langen Zug, bespannt mit der C 1-Lokomotive PRÄSIDENT BALTZ, bei einer Fahrgeschwindigkeit von 30 bis 50 km/h von Blankenburg nach Halberstadt statt. Gegen 16.00 Uhr erfolgte dann die zweite Versuchsfahrt von Blankenburg nach Hüttenrode und zurück, die das besondere Interesse erregte. Für die Bergfahrt bestand der 270 t schwere Zug aus 15 Wagen (30 Achsen), bespannt mit einer Zug- und einer Schiebelok. Die größte Steigung von 1:16,6 wurde mit 15 km/h befahren. Der gleiche Zug wurde dann zu Tal gefahren, wobei unterwegs Schnell- und Notbremsungen ausgelöst wurden.
Am darauffolgenden Sonnabend wurde eine weitere Fahrt nach Halberstadt unternommen. Der Zug war aus der Lokomotive, vier Personenwagen (Beobachtungswagen), 40 Kalkdeckelwagen und 16 ebenfalls beladenen offenen Güterwagen gebildet. Die Länge betrug 120 Achsen. Während der Fahrt mit 30 km/h erfolgten zahlreiche Messungen. Bedeutend ist, daß der Zug bis Langenstein zu 100 % gebremst gefahren wurde und ab Langenstein zu 50 %. In beiden Fällen bremste der Zug sicher und stoßfrei.
Die namhaften Teilnehmer an den Versuchsfahrten waren über die Ergebnisse der Probefahrten sehr befriedigt.

Die Auswirkungen

Auf Vorschlag des Königlich Preußischen Eisenbahnkommissars kam es am 21. Dezember 1909 zu einer gemeinsamen Erörterung der Erhöhung der Fahrgeschwindigkeiten. Die Tagung fand in Blankenburg statt und hatte drei Punkte zum Inhalt:
- Erhöhung der Geschwindigkeit von 40 auf 50 km/h für die Züge auf der Strecke Halberstadt–Blankenburg,
- Erhöhung der Geschwindigkeit für die geschobenen Züge auf den Adhäsionsstrecken der Zahnradbahn Blankenburg–Tanne von 15 auf 25 km/h,
- Erhöhung der Geschwindigkeit auf den Zahnstangenstrecken der Zahnradbahn von 15 auf 20 km/h.

Zu den ersten beiden Punkten wurde nach kurzer

Erörterung ein gemeinsamer Standpunkt gefunden. Doch die Erhöhung der Geschwindigkeit auf den Zahnstangenstrecken bereitete dem Gremium arge Kopfschmerzen. Die Gründe lagen hauptsächlich im Nichtvorliegen praktischer Erfahrungen auf anderen Bahnen, geprägt von der Verantwortung, die Sicherheit zu garantieren.

Der 13. April 1910 wurde in der Geschichte der Harz-Zahnradbahn zu einem denkwürdigen Tag. Erstmalig verkehrten offiziell die Züge bergwärts mit der Lokomotive an der Spitze. Gleichzeitig war die Halberstadt-Blankenburger Eisenbahngesellschaft die erste Normalspurbahn in Mitteleuropa, die die durchgehende Luftbremsung ihrer Güterzüge einführte. Erst 15 Jahre später folgte die DRG mit der Kunze-Knorr-Druckluftbremse. Günstig für die H. B. E. war die Tatsache, daß sie einen regen Binnenverkehr mit eigenen Wagen führte und nur wenige Fremdwagen ins eigene Netz kamen. Diese wurden mit losen Bremsleitungen ausgerüstet, ein Verfahren, das die DRG später auch bei der Anwendung der Druckluftbremse übernahm. Im Jahre 1910 rüstete die H. B. E. einige Personenwagen zusätzlich mit der Druckluftbremse für den durchgehenden Verkehr nach Wernigerode aus.

12

Die 1'E 1' der TIERKLASSE

Das Unternehmen entwickelte sich weiterhin gut. Auf der Harzbahn wurden
- 1886 rund 120 000 t,
- 1896 rund 264 000 t,
- 1906 rund 375 000 t,
- 1916 rund 455 000 t,
- 1917 rund 600 000 t

Güter befördert. Diesem Leistungsanstieg stand ein Beförderungssystem gegenüber, dessen Leistungsgrenze sich klar abzeichnete. Der erste Weltkrieg verschärfte die Situation außerordentlich. Für die Instandhaltung der komplizierten Zahnradlokomotiven war ein großer Lokomotivreservebestand erforderlich. Es fehlte an Arbeitskräften und Material.

In der Führungsspitze der Gesellschaft hatte sich inzwischen eine Änderung ergeben. An die Stelle des am 1. September 1915 verstorbenen Bahndirektors Werner Glanz war der Regierungsbaumeister a. D. Otto Steinhoff getreten.

Noch unter Glanz hatte die H. B. E. 1915 zur Auffüllung ihres Lokomotivbestandes bei Borsig in Berlin-Tegel eine Lokomotive der Achsanordnung 1'C 1' in Auftrag gegeben.

Dieser Auftrag wurde im Oktober 1916 von Steinhoff dahingehend geändert, daß anstelle der 1'C 1' eine E-Lokomotive gebaut werden solle, und zwar zum gleichen Preis in Höhe von 65 350 Mark bei weitgehender Verwendung der für die 1'C 1'-Lokomotive bereits gelieferten bzw. angefertigten Teile. Borsig forderte noch 2 500 Mark für die bereits aufgewendete Arbeit an der 1'C 1' und die Übernahme der bereits fertiggestellten Radsätze der 1'C 1'-Lokomotive durch die H. B. E. zum Preis von 7 450 Mark als Reserve für die gleichfalls von Borsig gelieferten Lokomotiven Nr. 51 bis 54. Die H. B. E. erklärte hierzu ihr Einverständnis und verlangte für eine gute Kurvenbeweglichkeit der E-Lokomotive die Gölsdorfsche Anordnung der Achsanlenkung.

Nach einer Unterredung Steinhoffs mit Oberingenieur Engel von Borsig noch im selben Monat wurde jedoch das Angebot in eine 1'E 1'-Maschine umgewandelt. Gleichzeitig bekundete die H. B. E. großes Interesse an einer Zahnradlokomotive 1'D1', die bei einer Steigung von

1:16,6 mindestens 200 t befördern kann. Ein Beweis, daß die Einführung des reinen Reibungsbetriebes auf der Harzbahn zu dieser Zeit noch nicht ernstlich erwogen wurde.
Mit Datum vom 10. Februar 1917 unterbreitete Borsig nun sein Angebot: für die Zahnradstrecke eine 1'D1'-Vierzylinder-Heißdampf-Verbund-Zahnrad-Tenderlokomotive und für den Betrieb auf den Adhäsionsstrecken eine E- oder eine 1'E 1'-Heißdampf-Tenderlokomotive. Beide Maschinen sollten in der Lage sein, auf Steigungen von 10 ‰ eine Zugmasse von 1 000 t bei einer Geschwindigkeit von 25 km/h zu befördern.
Die endgültige Auftragserteilung erfolgte am 22. Februar 1917: Es wurde eine Lokomotive 1'E 1' bestellt, um Lieferbestätigung wurde gebeten. Doch diese kam nicht mit der nächsten Post. Es war Krieg, und um die Lokomotive überhaupt bauen zu dürfen, bedurfte es einer Dringlichkeitsbescheinigung des Eisenbahnkommissariats und darüber hinaus der Zustimmung des Fahrzeugausschusses Lokomotiven im Technischen Stab des Kriegsministeriums.
Direktor Steinhoff stellte den Antrag für eine Dringlichkeitsbescheinigung am 1. April 1917. Das ist insofern ein bedeutsames Schreiben, da es erstmalig den von der Direktion gefaßten Beschluß dokumentiert, die 1'E 1'-Lokomotiven auf der Harzbahn einzusetzen und so den aufwendigen Zahnradbetrieb abzuschaffen.
„An
Herzogliches Eisenbahn-Kommissariat
Braunschweig.
Durch den erhöhten Kriegsbetrieb im Güterverkehr sind die Betriebsmittel auf der Harzbahn, besonders die Zahnradlokomotiven, sehr stark in Anspruch genommen worden. Die Zahnradlokomotiven älterer Konstruktionen, die teilweise über 30 Jahre alt sind, haben bei dieser erhöhten Anspannung versagt. Bei einzelnen ist das Zusammenarbeiten der Reibungsmaschine und der Zahnradmaschine derartig ungünstig, daß die Maschine höchstens 50–60 % der Solleistung aufweist oder aber, falls sie höher beansprucht wird, durch sehr schnelle Abnutzung oder Bruch sehr bald dienstunfähig wird.
Ein Ersatz ist daher dringend notwendig. Es sollen bei der Firma Borsig, Berlin, zwei 1 E 1-Tender-Lokomotiven bestellt werden, die durch die besondere Art der Konstruktion ohne Zahnrad auf der Zahradstrecke 220 Bruttotonnen leisten gegen 125 unserer jetzigen Zahnradmaschine, zugleich aber sehr leistungsfähige Güterzugmaschinen für unsere übrigen Strecken darstellen.
Wir bitten das Eisenbahn-Kommissariat die Dringlichkeit der Beschaffung dieser Lokomotiven bescheinigen zu wollen, damit die Lokomotivfabrik Borsig ihrerseits beim Betriebsmittelausschuß die Erlaubnis zum Bau der Lokomotiven erhält.
Wir bitten unser Schreiben mit der Bescheinigung an die Lokomotivfabrik Berlin-Tegel weiterleiten zu wollen. Steinhoff"
Die unbürokratische Arbeitsweise des Herzoglichen Eisenbahn-Kommissariats wie auch des Reichseisenbahnamtes waren diesem Vorhaben der H. B. E. sehr dienlich, indem einem Antrag entsprochen wurde, dessen Antwort keineswegs aus bestehenden Vorschriften abzuleiten war.
Die Anschaffung von zwei 1'E 1'-Heißdampf-Tenderlokomotiven wurde mit der Bedingung genehmigt, daß die Treibrradsätze höchstens mit 15 t belastet werden. Auch die versuchsweise Verwendung der beiden Lokomotiven zur Führung des Zuges ohne Zahnradlok wurde genehmigt, vorausgesetzt, daß alle Züge ausreichend Bremsachsen besitzen, „so daß auch bei ungünstigen Witterungsverhältnissen eine Gefährdung der Züge durch das Fehlen der Zahnradlokomotive ausgeschlossen ist".
In den Zeichensälen bei Borsig entstand im Jahre 1917 nun der Entwurf einer in ihren Abmessungen in Europa bisher ungewöhnlichen Lokomotive. Unter Leitung des Chefkonstrukteurs, August Meister, und bei steter Mitwirkung von Direktor Steinhoff wurden zahlreiche theoretische Probleme gelöst und in den Werkstätten der Firma mit dem Bau begonnen.
Der Entwicklung lagen die Eisenbahn-Bau- und Betriebsordnung vom Jahre 1905 und die Technischen Vereinbarungen des Vereins „Deutscher Eisenbahnverwaltungen" aus dem Jahre 1909 zugrunde. Für die Umgrenzung der Lokomotive galt

die Anlage C der BO. Es gab die üblichen Änderungen. So trat an die Stelle der ursprünglich vorgesehenen Vakuumbremse die Knorr-Druckluftbremse. Die Repressionsbremse, später als Riggenbachsche Gegendruckbremse bezeichnet, wurde vorgesehen. Borsig änderte den geplanten Zylinderdurchmesser von 640 auf 700 mm. Durch den Einbau der Druckluftbremse konnte eine druckluftbetätigte Sandstreuanlage angeordnet werden, eine bedeutungsvolle Maßnahme.

Die Zweifel

Doch im Laufe der Zeit nahmen die Bedenken über die Richtigkeit des Vorhabens zu. Wenn auch kaum Zeifel darüber bestanden, daß die Lokomotive die 60 ‰ bergauf überwinden würde, so gab es doch ernste Bedenken für die Talfahrt. Was nützt die beste Bremse, wenn die Räder als Schlittenkufen die Schienen heruntergleiten? Dies könnte leicht geschehen, wenn im Winter die Schienen vereist sind oder im Herbst bei Laubfall wie durch Schmierseife geglättet werden.
Auch die Bemerkungen des Präsidenten des Eisenbahn-Zentralamtes, des Regierungs- und Baurates Hammer, zum Entwurf der 1'E 1'-Güterzuglokomotive beseitigten die Zweifel nicht. Hammer schrieb unter anderem: „Von der vorgeschlagenen 1 E 1-Lokomotive wird mit Sicherheit ein Wagengewicht von 130–140 t auf der Steigung 1:16,6 befördert werden können. Auch für 170 t würde sie bei gutem Wetter wohl noch ausreichen. Bei der starken Steigung ist ein Schleudern der Lokomotive gefährlich. Man sollte daher mit dem Reibungskoeffizienten nicht über 1/6 gehen, d. s. 12 500 kg Zugkraft; der Zugwiderstand wird unter Berücksichtigung der Krümmung usw. bis 75 kg/t sich stellen, so daß also der Reibungswiderstand auch für die 170 t unter Berücksichtigung der Lokomotivlaufachsen noch ausreicht. Das von Borsig angegebene Gewicht von 250 t ist meines Erachtens nicht erreichbar; dieses würde einen Reibungskoeffizienten von 1/4 verlangen, der wohl möglich, aber keineswegs gefahrlos ist.
Die Lokomotive vermag dieses Wagengewicht ebenso wie sie es bergauf befördert, auch bergab zu bremsen. Es ist aber notwendig, daß die Lokomotivachsen beim Abwärtsfahren nicht zum Stillstand kommen, weil die Lokomotive gleitend nicht den erforderlichen Widerstand bietet. Deshalb ist die Knorrbremse mit Zusatzbremse auszurüsten. Als Sicherheit bleibt dann noch die Abbremsung der Wagen. Allerdings sollte bei Güterwagen nicht nur das Eigengewicht, sondern auch das Ladegewicht abgebremst werden."
So wurde der Gedanke der Bremszahnräder für die 1'E 1' geboren. Zwei Zahnräder mit einem Teilkreisdurchmesser von 688 mm wurden in einem gesonderten Rahmengestell gelagert, das für die Talfahrt absenkbar und für die Bergfahrt anhebbar war, so daß der Lauf der Lokomotive nicht beeinflußt wurde. Für die Talfahrt war somit eine Sicherung gegen das Durchgehen der Maschine vorhanden. Die Bremsung der Zahnräder erfolgte analog der bei den Zahnradlokomotiven. Allerdings war weder die H. B. E. noch Borsig fest davon überzeugt, daß diese Bremse notwendig sei. Deshalb wurden auf Veranlassung Steinhoffs am 26. Juni 1918 auf der Strecke Blankenburg–Hüttenrode Versuchsfahrten mit Reibungs-Tenderlokomotiven durchgeführt.
Am Vormittag des 26. Juni regnete es. Dennoch gab es keine Anstände. Die Schlußfolgerung war, daß mit der vorhandenen Reibungsmasse auch 100 t gefahren werden können.

Versuchsfahrten auf der Harzbahn am 26. Juni 1918

	Vormittag	Nachmittag
Lok-Nr. der H. B. E.	51	42
Achsfolge	1'C (T 12)	1'C (T 9)
Bauart	Heißdampf	Naßdampf
Dienstmasse	64 t	60 t
Reibungsmasse	48 t	45 t
Treibraddurchmesser	1 520 mm	1 350 mm
Zylinderdurchmesser	540 mm	450 mm
Kolbenhub	630 mm	630 mm
Zugmasse		
Blankenburg–Braunesumpf	47 t	80 t
Braunesumpf–Hüttenrode	87 t	80 t

Lok 51 der H. B. E.

Lok 42 der H. B. E.; Zustand 1935 nach Umbau auf Heißdampf.

Auch die am Nachmittag eingesetzte leichtere Lokomotive zeigte keine Neigung zum Schleudern. Zeitweise wurde mit 55 % Füllung gefahren. Die Lokomotive fuhr mit der Last in einer Steigung 1:16,6 an.

Als Resümee war abzuleiten, daß die neuen 1'E 1'-Maschinen mit dem größeren Zylinderdurchmesser und den kleineren Treibrädern anstandslos 220 bis 230 t in der Steigung befördern können. Die Bremsung der Maschine durch die gewöhnliche achtklotzige Bremse an zwei Achsen reichte allerdings auf der Talfahrt kaum aus, die Lokomotive abzubremsen. Ob die Gegendruckbremse unter diesen Umständen ausreichen würde, müßten spätere Versuche ergeben. Es wurde entschieden, die Bremszahnräder einbauen zu lassen.

Die Ergebnisse der Probefahrten wurden Borsig mitgeteilt. Die Antwort ließ nicht auf sich warten. Chefkonstrukteur Meister schlußfolgerte:

- Bei einem Laufwiderstand der Wagen von 5 kg/t und einem Laufwiderstand der Lok von 10 kg/t ergibt sich bei einer Zugmasse von 100 t eine Zugkraft von 108,4 kN. Bezogen

auf die Lok Nr. 51 errechnet sich daraus ein Reibungskoeffizient von 1:4,43;
- wird dieser Koeffizient der Leistungsermittlung für die im Projekt vorgelegte 1'E 1' zugrunde gelegt, ergibt sich bei einer Reibungsmasse von 80 t eine erzielbare Zugkraft von 108 kN bzw. eine Wagenmasse von 170 t.

August Meister kommentierte die Ergebnisse mit dem Hinweis, daß die Werte sich durch die ausgiebige Benutzung eines guten Sandstreuers erhöhen lassen dürften.

Die Enttäuschung in der Direktion der H. B. E. über die zu erwartende Leistung von 170 t Zugmasse für die neue Maschine war groß. Deshalb wurden zwischen dem 15. und dem 17. Juli 1918 erneut Versuchsfahrten anberaumt. Hieran nahm auch Oberingenieur Meister teil. Verwendet wurde eine 1'C-Heißdampf-Tenderlokomotive von Borsig mit 45 t Reibungsmasse.

Bei der dritten Fahrt wurden 60 t gezogen und 63 t gedrückt. Die Versuche ließen sich jedoch nicht bis an die Reibungsgrenze ausdehnen, da die Lokomotive, für Bahnen im Flachland gebaut, in ihren Zylinderabmessungen nicht ausreichte, die nötige Zugkraft zu entwickeln.

Versuchsfahrten auf der Harzbahn
vom 15. bis 17. Juli 1918

	1. Fahrt	2. Fahrt	3. Fahrt
Zugmasse	81 t	101 t	123 t
Geschwindigkeit	18 km/h	11 km/h	5,5 km/h
Dampfdruck	13 bar	13 bar	13 bar
Füllung	45 %	52 %	75 %

Diesmal wurden eine Zugkraft von rund 120 kN und ein Adhäsionskoeffizient von 1:3,8 ermittelt. Sie gaben Anlaß zu der Annahme, daß die 1'E 1' bei entsprechenden Zylinderdurchmessern zweifellos mindestens 200 t in der Steigung 60 ‰ fortbewegen und mit dieser Last in der Steigung bei Bedienung durch einen geschickten Lokführer anfahren wird. Es wurde festgelegt, die dritte Fahrt als maßgeblichen Versuch in die Versuchsunterlagen eingehen zu lassen.

Borsig wurde aufgefordert, die Fertigstellung der Konstruktionszeichnungen zu beschleunigen, in der Hoffnung, die erste Maschine spätestens Anfang 1919 zu erhalten (seit dem 7. Juli 1917 lief die Bestellung auf eine zweite 1'E 1').

Es hatten bislang fünf Versuchsfahrten stattgefunden, die alle bewiesen hatten, daß es möglich sei, 60-‰-Strecken im reinen Reibungsbetrieb zu befahren. Lediglich die Leistungsfähigkeit der Versuchslokomotiven ließ zu wünschen übrig, aber dafür sollte ja schließlich die neue 1'E 1' entwikkelt werden.

Dennoch waren offensichtlich Unsicherheiten geblieben, denn das Risiko, daß die H. B. E. einging, war enorm hoch: eine überschwere Lokomotive entwickeln zu lassen, für deren Einsatzgebiet es keinerlei Erfahrung, keine Vorschriften gab. Aus diesen Überlegungen heraus (einen eindeutigen Beleg darüber gibt es nicht) entstand wohl der Antrag vom 19. August 1918 (also vier Wochen nach den letzten Versuchen) an die Eisenbahndirektion Magdeburg, für einen Tag eine preußische T 16 geliehen zu bekommen. Die Versuche mit dieser Maschine fanden am 16. September 1918 statt. Die Lokomotive wurde mit halben Vorräten und 208 t Zugmasse gefahren.

In der Steigung von 60 ‰ betrug die Geschwindigkeit des Zuges bei vollausgelegter Steuerung 10 km/h. Ohne Sanden zeigte die Maschine keine Neigung zum Schleudern. Es wurden 85 t gezogen und 123 t gedrückt; die Lok befand sich etwa in der Mitte des Zuges.

Das Ergebnis teilte die H. B. E. am 30. September 1919 der Firma Borsig mit. Von nun an wurde über die mögliche Leistung der 1'E 1' nicht mehr debattiert.

Borsig hatte wiederholt den Termin der Fertigstellung der beiden Lokomotiven genannt, ihn jedoch immer wieder korrigiert. Begründet wurde dies mit Streiks und Schwierigkeiten bei der Materialbeschaffung. Auch das im Oktober 1919 gegebene Versprechen, die Lokomotiven als Weihnachtsgeschenk zu übersenden, wurde nicht gehalten.

Die Ausführung

Die erste 1'E 1'-Lokomotive mit der Fabriknummer 10353 verließ im Februar 1920 das Werk, nachdem sie am 4. Februar ihre Werkprobefahrt bestanden hatte. Am 4. und 5. März 1920 erfolgte die erste Bewährung am Berg. Direktor Steinhoff hatte die Beförderung von 200 t mit 12,5 km/h bei 60 ‰ Neigung erhofft. Erzielt wurden Wagenzugmassen bis 240 t mit 16 min Fahrzeit bis Bast-Michaelstein und mit 15 min Fahrzeit von der Bast bis Hüttenrode. Dies war um so höher zu bewerten, da die Fahrten bei Schneetreiben stattfanden.
Damit war die Eignung der Neukonstruktion bestätigt. Doch wie sah diese Konstruktion im einzelnen aus?
Die Lokomotive war sowohl für die Steilstreckenabschnitte als auch für die von Blankenburg ausgehenden Flachlandstrecken für gleich gute Vor- und Rückwärtsfahrt ausgelegt. Die Bogenläufigkeit war für Gleisradien von 140 m und für Weichen von 1:7 gegeben.
Der Lokomotivrahmen wurde erstmalig an einer deutschen Tenderlokomotive als Barrenrahmen von 100 mm Dicke ausgebildet. Zu diesem Zweck hatte die Firma Borsig eigens eine Werkzeugmaschine entwickelt, die das Ausfräsen und Bohren der erforderlichen Aussparungen aus der vollen Platte bei größtmöglicher Schonung des Werkstoffes ermöglichte. An den Kopfenden des

Hauptdaten der 1'E 1'

Zylinderdurchmesser	700 mm
Kolbenhub	550 mm
Kohlenschieberdurchmesser	300 mm
Kesselüberdruck	14 bar
Kesselinnendurchmesser	2 000 mm
Höhe Kesselmitte über SO	2 800 mm
Rauchrohranzahl	32
Rauchrohrdurchmesser	125 × 133 mm
Heizrohranzahl	225
Heizrohrdurchmesser	41 × 46 mm
Rohrlänge	3 700 mm
Feuerbüchsheizfläche	13,624 m^2
Rohrheizfläche	167,238 m^2
Überhitzerheizfläche	54,138 m^2
Rostfläche	3,963 m^2
Treibraddurchmesser	1 100 mm
Laufraddurchmesser	850 mm
Treibachsmasse	16,7 t
Lokomotivmasse	98,8 t
Reibungsmasse	81,7 t
Wasservorrat	8,8 m^3
Kohlevorrat	3 t
Fester Achsstand	4 050 mm
Gesamtachsstand	9 550 mm
Länge über Puffer	12 450 mm
Zylinderzugkraft	257,25 kN
Höchstgeschwindigkeit (vorwärts und rückwärts)	50 km/h

Rahmens befinden sich kräftige Pufferbohlen. Eine Horizontalversteifung, die den Rahmen gegen diagonale Kräfte absteifte, zog sich von dem vorderen Kopfstück bis zur Stehkesselauf-

Die erste Lokomotive 1'E1' von Borsig.

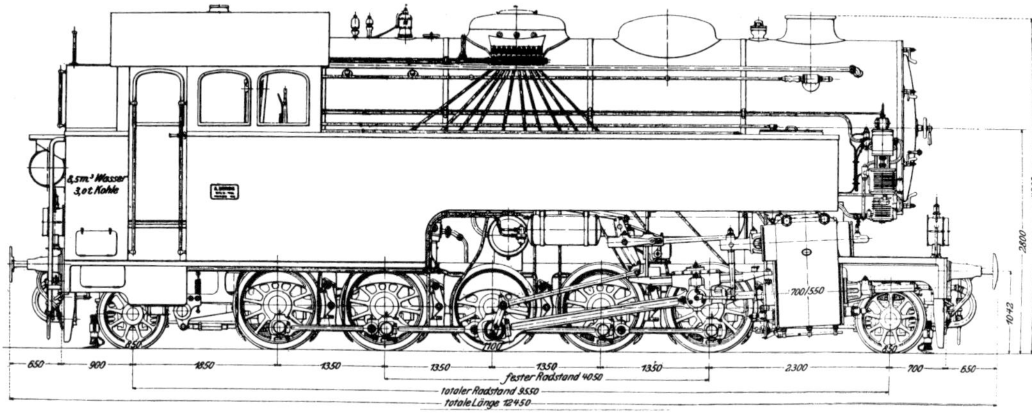

Die Abmessungen der 1'E1'h2

lage hin. Sie war insbesondere wegen der großen Zylinderdurchmesser erforderlich. Die Stahlgußrahmenverbindung zwischen den Zylindern stellte sich bald als zu schwach heraus. Es entstanden Rahmenbrüche in der Nähe der Dampfzylinder, denen durch Verstärkung des Gußstükkes begegnet werden mußte. Stabile Horizontal- und Vertikalversteifungen bzw. Querverbindungen lagen unter dem Stehkessel, über dem Laufradsatz und bildeten den hinteren Wasserkasten. Den festen Radstand bildeten der erste und der vierte Kuppelradsatz. Der zweite und der fünfte Kuppelradsatz waren um je 30 mm seitenverschiebbar. Die Radreifen des Treibradsatzes hatten keinen Spurkranz. Der vordere und hintere Laufradsatz waren radial geführt bei einem möglichen beidseitigen Auslauf von 125 mm. Die Laufradsätze wurden durch Kugelzapfen mit Keilrückstellung abgestützt.

Die Federn der Kuppelradsätze waren unterhalb der Achslager angeordnet, die Aufhängung des Fahrzeugrahmens erfolgte in zehn Punkten. Ausgleichshebel befanden sich nur zwischen dem 1. und 2. sowie zwischen dem 4. und 5. Kuppelradsatz, was der Lok einen harten Lauf gab.

Die Anordnung der Bremszahnräder bei den Lokomotiven MAMMUT und WISENT.

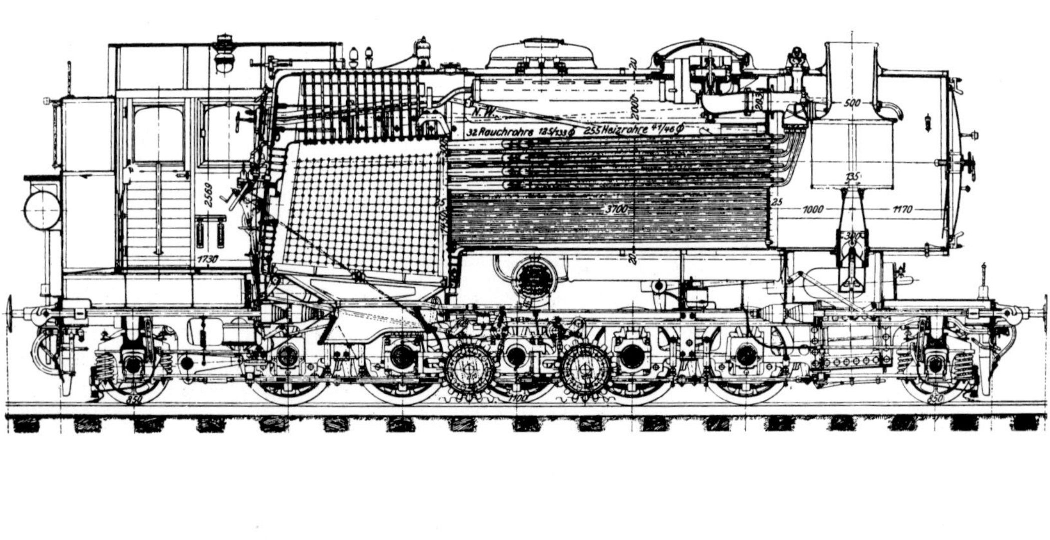

Dem Kessel gab man, um bei dem kleinen Gesamtachsstand die Überhänge möglichst klein zu halten, nur 3 700 mm Rohrlänge, dafür aber den großen Durchmesser von 2 000 mm. Die Tabelle auf dieser Seite ermöglicht einen Vergleich der Abmessungen des Lokkessels der T 16 mit denen der 1'E1'.
Feuerbüchse und Stehbolzen waren aus Kupfer, die Feuerbüchsdecke nach hinten abfallend geneigt, um ein Entblößen vom Kesselwasser bei Bergfahrt rückwärts zu vermeiden. Ein Ventilregler schloß den Dampfraum zu den Überhitzerelementen ab.

Hauptkesselmaße der T 16 und der 1'E1' der H. B. E.

		T 16	1'E1'
Wasserraum im Kessel	m^3	5,4	7,7
Dampfraum	m^3	2,2	3,9
Verdampfungsoberfläche	m^3	8	10

Der Kessel war mit zwei Wasserständen, einer Dampfstrahlpumpe an der Stehkesselrückwand und einer Kesselspeisepumpe mit Speisewasservorwärmer Bauart Knorr ausgerüstet. Zwei Dampfpfeifen, zwei Sicherheitsventile und die üblichen Absperrorgane vervollständigten die Ausrüstung.
Die extrem großen Durchmesser der Zylinder haben sich auch bei Anwendung der Gegendruckbremse als vorteilhaft erwiesen. Zur Dampfverteilung dienten Kolbenschieber der Bauart Hochwaldt und eine Steuerung nach Borsig, bei der die Steuerwelle und der Mittelpunkt der Schwinge zusammengelegt sind.
Als Druckausgleichvorrichtung wurde jeder Zylinder mit zwei Umlaufhähnen ausgerüstet, um große, schädliche Räume zu vermeiden und um bei Benutzung der Gegendruckbremse eine Sicherheit gegen Versagen eines der Hähne zu haben. Das Luftsaugventil Bauart Borsig saß auf der Naßdampfkammer des Überhitzerkastens. Zylinder, Kolbenschieber und die Achslager wurden durch eine Schmierpresse Bauart Bosch geölt.

Als Bremsen dienten die selbsttätige Einkammerdruckluftbremse Bauart Knorr mit Zusatzbremse, die Riggenbachsche Gegendruckbremse und eine Wurfhebel-Handbremse. Die Druckluftbremse wirkte auf alle gekuppelten Radsätze mit je einem Klotz. Da ein Teil des Wagenparkes noch die Hardy-Saugluftbremse hatte, wurde die Lok zusätzlich mit dem Doppelluftsauger versehen.
Die druckluftbetriebene Sandstreueinrichtung war einer der bedeutendsten Fortschritte an dieser Lokomotive. Die Besandung zur Reibwertsicherung war bis dahin bei weitem nicht so gebräuchlich, wie heute anzunehmen ist. Gesandet wurden an der 1'E 1' alle gekuppelten Radsätze in beiden Fahrtrichtungen. Die Einrichtung war eine Sonderkonstruktion der Firma Borsig.
Das geräumige Führerhaus konnte durch Schiebe- und Fallfenster vollkommen geschlossen werden, so daß Lokomotivführer und Heizer beim Durchfahren der Tunnel im wesentlichen vor Rauchbelästigungen geschützt waren. Die Lokomotive hatte eine Gasbeleuchtung.
Die zweite Lokomotive wurde am 24. April 1920 nach Blankenburg überführt. Die Überführungsfahrt verlief jedoch nicht reibungslos. Bereits auf dem Bahnhof Gesundbrunnen in Berlin wurde eine leichte Erwärmung der beiden rechten Traglager des Zahnradbremsgestells festgestellt. In Grunewald waren die Lager derart heiß, daß vom begleitenden Monteur Mehl das Bremsgestell ausgebaut wurde.
Die beiden letzten Lokomotiven folgten 1921. Zu diesem Zeitpunkt erhielten diese auch ihre Namen, mit denen sie in die Geschichte des Eisenbahnwesens eingingen: MAMMUT, WISENT, BÜFFEL und ELCH.

Die Bewährung

Die Entwicklungen, die Versuche und die Betriebsergebnisse auf der Harzbahn mit den neuen 1'E 1'-Lokomotiven erregten nicht nur das lebhafte Interesse der Fachwelt, sondern das Reichsverkehrsministerium beauftragte das Eisenbahnzentralamt, eingehende eigene Meßfahrten auf der Strecke Blankenburg–Tanne vorzunehmen. Sie fanden unter Leitung von Oberregierungsbaurat Strahl vom Eisenbahnzentralamt und Regierungsbaurat Wagner, Vorstand des Versuchsamtes für Lokomotiven in Grunewald, statt. Als Vergleichsfahrzeug diente wieder die preußische T 16 (E-Heißdampf-Güterzuglokomotive).

Bemerkenswert ist, daß für die Versuche mit der 1'E 1' die Zugmasse auf 230 t beschränkt werden mußte, denn für höhere Anhängemassen bei 60 ‰ und entsprechenden Zugkräften war die Meßeinrichtung im Meßwagen nicht geeignet. Man war also zu dieser Zeit auf Zugkräfte, die zu entwickeln die 1'E 1' in der Lage war, nicht eingestellt.

Die Lokomotive 1'E 1' beförderte die Wagenzugmasse von 230 t bei 50 % Füllung mit einer Geschwindigkeit von 11 km/h in der Steigung von 60 ‰. Dabei erzeugte sie eine indizierte Zugkraft von 249 kN.

Die T 16 hingegen entwickelte als Grenzleistung bei nahezu gleicher Geschwindigkeit und gleicher Reibungsmasse nur 157 kN. Für eine größere Belastung waren die Zylinderdurchmesser zu klein und die Sandstreuer nicht zuverlässig genug.

Als Grenzbelastungen wurden festgestellt:

- für die E-Lokomotive eine Wagenzugmasse von 140 t in der Steigung 60 ‰,
- für die 1'E 1'-Lokomotive in gleicher Steigung eine Wagenzugmasse von 260 t bei einer größten Zugkraft von 170 kN am Zughaken.

Im Anschluß an die Leistungsversuche wurden Bremsversuchsfahrten auf den starken Gefälleabschnitten vorgenommen; denn für einen reinen Reibungsbetrieb war es notwendig, die Züge mit der durchgehenden Bremse zu fahren. Nun tat dies die H. B. E. auf der Harzbahn schon mehr als zehn Jahre, doch zu jener Zeit führte sie, wie andere Bahnen auch, die Kunze-Knorr-Bremse bei allen Zuggattungen ein. Es lag also nahe, diese Bremse im reinen Reibungsbetrieb bei extrem starken Neigungen zu prüfen, da sie vorher nur für eine Maximalneigung von 30 ‰ bemessen und erprobt worden war.

Es wurden Züge in unterschiedlichsten Zusammensetzungen bis zu einer Wagenzugmasse von 629 t gefahren. (In der Regel ließen die Gleisanlagen der Harzbahn nur 450 t zu.)

Und die Ergebnisse?

- Die Kunze-Knorr-Bremse bewährte sich. Jeder beladene Wagen bremste sich genügend selbst ab, jeder leere Wagen nahm noch 10 t unabgebremste Wagenmasse auf.
- Die Gegendruckbremse der 1'E 1'-Lokomotive war in der Lage, außer der Eigenmasse eine unabgebremste Zugmasse von 130 t aufzunehmen. Zur Vermeidung des Überbremsens wurde bei Einsatz der Gegendruckbremse die Druckluftbremse der Lok abgeschaltet.
- Die Zahnradbremsgestelle der MAMMUT und der WISENT erwiesen sich als überflüssig, wurden entfernt und bei den Lokomotiven BÜFFEL und ELCH nicht mehr eingebaut; denn der reine Reibungsbetrieb gestattete auch bei der Talfahrt im Gefälle von 60 ‰ eine Fahrgeschwindigkeit bis 30 km/h, die für die kraftschlüssige Verbindung Zahnstange–Zahnrad zu hoch gewesen wäre.

Die neuen Reibungslokomotiven wurden ein voller Erfolg. Direktor Steinhoff schrieb am 7. Juni 1920 an den Hersteller:

„Durch das Eisenbahn-Zentralamt haben Versuche mit unseren 1 E 1-Maschinen stattgefunden. Es bestätigt sich, daß die Maschinen durchaus, wie dieses ja auch von hier aus angenommen wurde, für den Gebirgsbetrieb geeignet sind.

Die Konstruktion an und für sich stellt zweifellos eine hervorragende Leistung der Lokomotivfabrik Borsig dar.

Wir möchten nicht verfehlen, dies in aller Form ausdrücklich anzuerkennen."

Die TIERKLASSE eröffnete nicht nur im Harzgebiet den reinen Reibungsbetrieb. Auf Anordnung des Reichsverkehrsministers wurden auch Versuchsfahrten auf den Zahnradbahnen

- Schleusingen–Rennsteig–Ilmenau (1:17)
- Boppard–Buchholz (1:16,5)
- Dillenburg–Hirzenhain (1:17)
- Eschwege–Heiligenstadt (1:20)

mit der Lokomotive ELCH der H. B. E. ausgeführt.

Die 95 6676, ex MAMMUT, Zustand 1966. Sie wartet auf die Aufnahme in das Verkehrsmuseum Dresden.

Die Leistungs- und Bremsversuche waren so überzeugend, daß der Reichsverkehrsminister schließlich zehn Lokomotiven der Bauart 1'E1' bei der Firma Borsig in Auftrag gab. Die Entwicklung der T 20, der späteren 95⁰, wich in mancher Hinsicht von den Voraus-Lokomotiven der H. B. E. ab, denn sie sollte auch im Zugdienst auf mittleren Neigungen verwendet werden. In ihren Hauptabmessungen übertraf sie noch die TIER-KLASSE, und mit ihrer Achsfahrmasse von 19 t eilte sie ihrer Zeit voraus. Aber auch sie werden wir noch auf der Harzbahn begrüßen.

Die neue Betriebsführung

Die H. B. E. stand vor der Aufgabe, für den Reibungsbetrieb auf den Steilstrecken eine neue Betriebsführung festzulegen. Am 12. März 1920 beantragte sie beim Eisenbahn-Kommissariat in Braunschweig die ständige Verwendung der 1'E 1'-Heißdampf-Tenderlokomotiven und die Genehmigung folgender Wagenzüge:

- im Schiebebetrieb bergwärts 36 Wagenachsen mit einer Masse von 180 t,
- im Zugbetrieb talwärts bis zu 450 t.

Lokomotivleistungen auf der Harzbahn in der Neigung 1:16,6

Fahrt		Lokomotive vorn	Lokomotive hinten	Jahr	Wagenzugmasse t	Geschwindigkeit km/h
bergwärts	Zahnrad		C 2'	Entwurf	120	12
			C 1'	1888	125	10
		C 1'	C 1'	1910	270	12
		C 1'		1910	90	15
			D	1914	90	20
	Reibung		1'C	1917	90	15
			1'E 1'	1920	180	15
		1'E 1'		1920	150	15
talwärts		C 1'		1888	125	12
		C 1'	mit Saugluft bremse	1910	225	12
		1'E 1'		1920	450	20

Dem Antrag wurde stattgegeben. In der Folge gingen besonders die Fahrzeiten zwischen Blankenburg und Hüttenrode wesentlich zurück. Benötigte ein mit der alten Zahnradlok C 1′ bespannter Güterzug rund 60 min, so schaffte es eine Lok der TIERKLASSE in 30 min. Dies war auch dem Umstand zu verdanken, daß die Reibungslokomotive in die Steilrampen mit Anlauf einfahren konnte (im Gegensatz zur Zahnradlok, die auf 7,5 km/h herabbremsen mußte).

Wir entsinnen uns, daß nach der Einführung der Saugluftbremse Hardy beim Zahnradbetrieb bereits im Jahre 1910 vom Schieben der Personenzüge abgegangen wurde unter den Bedingungen von maximal 14 Wagenachsen, 90 t Wagenzugmasse und 50 % Bremsachsen. Diese Bestimmung der Bremsbedienung hatte bislang auch beim reinen Reibungsbetrieb nichts geändert. 50 % Bremsachsen bedeutete, daß die Hälfte aller Achsen handgebremst gefahren werden mußten. Die Zeit, etwas Neues einzuführen, war da. Die Änderung erfolgte 1922:

- Alle durch die 1′E1′ von Blankenburg nach Hüttenrode (also bergwärts) zu befördernden Züge sind zu ziehen, sofern folgende Voraussetzungen erfüllt sind:
  - Höchstmasse des Wagenzuges 150 t,
  - je 45 t eine besetzte Bremse,
  - ordnungsgemäße Verteilung der Bremsen,
  - Einstellung einer Schlußbremse,
  - betriebssicherer Zustand aller Brems- und Zugapparate.
- Solange der Zug bergwärts gezogen wird, haben sich die Zugbegleiter neben den Bremshandgriffen in steter Bereitschaft zu halten.
- Bergwärts gezogene Züge haben in Westend, Bast-Michaelstein, Braunesumpf und Hüttenrode bei der Einfahrt vor allen übrigen talwärts fahrenden bzw. kreuzenden Zügen Vorrang, dürfen also nur in Gefahrenfällen vor den Einfahrsignalen festgehalten werden.

Das Ziehen aller Personen- und Güterzüge hatte sich zum Regelbetrieb durchgesetzt. Für die Güterzüge blieben betriebliche Bestimmungen erhalten, die in begründeten Ausnahmefällen das Schieben erlaubten.

Die Veränderung der Bremsbestimmungen

Die H. B. E. trat 1922 als eine der letzten Privatbahnen dem Deutschen Wagenverband (DWV) bei und stellte ihre Güterwagen in den Park der DRG ein.

Danach tauchten auf der Harzbahn immer häufiger schwere Güterwagen mit der Kunze-Knorr-Güterzugbremse auf, so daß der Abbremsung talwärts fahrender Züge in einer veränderten Art Rechnung getragen werden mußte. Vom 10. Februar 1923 an wurde für die Bremsberechnung von der absolut vorhandenen Anzahl der Bremsen abgegangen und statt dessen die Gesamtmasse des Zuges für die Bemessung der erforderlichen Bremsenanzahl benutzt; es wurde die Tonnenbremsung eingeführt. (Der Begriff der Bremshundertstel als Verhältnis von Bremsgewicht zu Bruttomasse eines Fahrzeuges setzte sich jedoch bis in die fünfziger Jahre auf der Harzbahn nicht durch!) Für die Züge der Harzbahn galten nun folgende Bremsvorschriften:

- Bergwärts ist für je 45 t Wagenzugmasse eine bediente Bremse erforderlich. Alle Druckluftbremsen sind jedoch an die durchgehende Bremse anzuschließen und einzuschalten.
- Bei Talfahrten werden luft-, hand- und ungebremste Wagen getrennt berechnet: luftgebremste Wagen gelten als 100%ig abgebremst; von der Masse der hand- und ungebremsten Wagen müssen 60 % durch Handbremsen abgebremst werden.

Diese eigenartige Bremsbestimmung für Talfahrten führte in der Praxis zu folgender skurriler Verfahrensweise: Waren nicht genügend handgebremste Wagen im Zugverband, um die 60 % zu erreichen, wurde die entsprechende Anzahl luftgebremster Wagen mit Bremserbühne abgeschaltet, auf Leitung gestellt und dann handgebremst!

Das eigentliche Bremsen verlief folgendermaßen: Alle im Zug besetzten Handbremsen wurden bei Einfahrt in das Gefälle angezogen und dann fortlaufend nachgezogen. Der Lokomotivführer regelte die Geschwindigkeit mit dem luftgebremsten Teil und mit der Gegendruckbremse.

13

50 Jahre H. B. E.

Die wirtschaftlichen Auswirkungen des Weltkrieges, die Lohnstreiks, der Kapp-Putsch, die Inflation und die zunehmende Konkurrenz der Kraftfahrzeuglinien machten auch der H. B. E. schwer zu schaffen. Mitten in diese gesellschaftlichen Auseinandersetzungen fiel der fünfzigste Gründungstag der H. B. E. Die Gesellschaft hatte beschlossen, den 21. April 1923 mit einem Festakt zu begehen.

Die H. B. E. wertete als besondere Ehrung das Kommen Verkehrsministers Groener und des Rektors der Technischen Hochschule Hannover, Professor Dr. Müller.

Nach einem geschichtlichen Abriß über die Entwicklung des Unternehmens durch Direktor Steinhoff wies Oberbürgermeister Bansi aus Quedlinburg als Vorsitzender des Aufsichtsrates auf die Verdienste Steinhoffs bei der Umstellung des Zahnradsystems zum Reibungsbetrieb hin und verkündete den Beschluß des Aufsichtsrates, Direktor Steinhoff die Amtsbezeichnung Generaldirektor beizulegen.

Magnifizenz Professor Dr. Müller von der TH Hannover überbrachte die Glückwünsche der Technischen Hochschule und sprach über die Einheit von Praxis und Wissenschaft. Aus seinem Munde kamen Worte des Lobes über den Mut, die Entschlossenheit der führenden Ingenieure des Unternehmens und über die Vorbildrolle der H. B. E. beim Bau der Gebirgsbahn wie bei der Einführung des Reibungsbetriebes und bekundete das Interesse der Wissenschaftler an dieser technischen Leistung. Dann gab er bekannt:

„Die Technische Hochschule Hannover, unter dem Rektorat des ord. Professors Dr. Conrad Müller, verleiht auf einstimmigen Antrag der Fakultät für Maschinenwirtschaft unter dem Dekanat des Geh. Reg. Rats ord. Professors Dr. ing. Alwin Nachtweh durch Beschluß von Rektor und Senat dem Herrn Direktor der H. B. E. Reg. = Baumeister a. D. Otto Steinhoff in Blankenburg am Harz in Anerkennung seiner hervorragenden Verdienste um die Ausbildung der Reibungslokomotive für den Steilbahnbetrieb der akademischen Würde

Doktor = Ingenieur Ehrenhalber."

Die letzte in Dienst gestellte Zahnradlokomotive (1914, H. B. E.-Nr. 71) am 7. Juni 1924.
Sammlung Lindenau

Generaldirektor Dr.-Ing. e.h. Steinhoff

Damit fanden die Pionierleistungen der Halberstadt-Blankenburger Eisenbahngesellschaft, mit denen sie auf eisenbahntechnischem Gebiet die Entwicklung des gesamten deutschen Eisenbahnwesens konstruktiv beeinflußt hatte, eine würdige Anerkennung.

Die 1′E1′-Lokomotive ELCH mit einem Güterzug auf dem Abschnitt Westend–Bast-Michaelstein.

14

Die Wandlung des Lokomotivparkes

Die Vorteile der schweren 1'E1'-Lokomotiven der TIERKLASSE mit der einfachen Zwei-Zylinder-Anordnung gegenüber der komplizierten vierzylindrigen Adhäsions- und Zahnradmaschine waren so eindeutig, daß nach und nach bei den noch vorhandenen Zahnradlokomotiven die Zahnradantriebe ausgebaut und Überhitzervorrichtungen eingebaut wurden. Insgesamt aber galt es, für die alten C1' Ersatz zu schaffen.

Die bei der 1'E1' gewonnenen Erkenntnisse für die Konstruktion einer reinen Reibungsmaschine wurden nun für den Bau weiterer Dampflokomotiven maßgebend:

- Der Barrenrahmen und seine Versteifungen müssen mit Rücksicht auf den schweren Gebirgsdienst sehr kräftig gehalten sein.
- Durch gute Masseverteilung ist ein Maximum an Reibungsmasse zu erzielen.
- Die Dampfzylinder sind für große Zugkräfte übermäßig zu dimensionieren. Der Kessel benötigt einen großen Durchmesser, damit auch bei Schrägstellung der Lokomotive der Dampfraum ausreichend groß ist. Die Feuerbüchsdecke ist verstärkt zu neigen.
- Die Lokomotive ist mit der Gegendruckbremse auszurüsten, um die Fahrsicherheit zu erhöhen und den Bremsklotzverschleiß zu mindern.
- Zur Reibwertsicherung zwischen Rad und Schiene ist eine leistungsfähige und funktionssichere Sandstreueinrichtung notwendig.

Während die TIERKLASSE hauptsächlich als Gebirgslokomotive gedacht und gebaut war mit der zusätzlichen Aufgabe, schwere Züge zwischen Halberstadt und Blankenburg zu befördern, wurde von den neu zu entwickelnden Heißdampf-Tenderlokomotiven eine weitgehend universelle Eignung gefordert.

Dafür entwickelte die Hannoversche Maschinenbau-Aktien-Gesellschaft (Hanomag) 1927 eine Lokomotive mit der Anordnung 1'D1' mit einem Treibraddurchmesser von 1 250 mm. Sie sollte als Personenzugmaschine auf der Strecke nach Halberstadt eingesetzt werden. Die beträchtliche Dienstmasse von 100,2 t mit einer Reibungsmasse von 72 t ermöglichte aber auch ihre Verwendung auf der Harzbahn.

Zwei Jahre später, 1929, folgten die Lokomotiven mit der Achsanordnung 1'C1'. Sie waren in der Lage, sowohl leichte Züge über die Steilstrekken zu befördern als auch den Reisezugdienst auf den Flachlandstrecken des Harzvorlandes bestens zu bedienen.

Die 1'D1'-Lokomotiven

Hanomag lieferte im Jahre 1927 drei 1'D1'h2-Lokomotiven, die mit den Nummern 10, 11 und 12 in den Fahrzeugpark der H. B. E. eingereiht wurden. Der Gesamtradstand von 9 550 mm entsprach dem der TIERKLASSE. Das Fahrgestell in seinem Gesamtaufbau wurde jedoch konstruktiv wesentlich besser gestaltet.
Die Wangen des Barrenrahmens waren 100 mm dick. Vorderer und hinterer Pufferträger, Rauchkammer- und Gleitbahnträger und weitere Querverbindungen bildeten mit den Wangen den Lokomotivrahmen.
Die abgefederte Masse der Lokomotive stützte sich über vier Punkte auf den Radsätzen ab. Die Tragfedern des vorderen bzw. hinteren Laufradsatzes waren jeweils mit denen der beiden folgenden Kuppelradsätze über Ausgleichhebel verbunden. Die beiden Laufradsätze waren mit den benachbarten Kuppelradsätzen zu einem Drehgestell Bauart Krauss-Helmholtz vereinigt. Hierdurch erhielten die Fahrzeuge sehr gute Laufeigenschaften und eine äußerst geringe Schleuderneigung.
Der Langkessel war aus zwei Schüssen hergestellt und hatte bei 20 mm Blechdicke einen Innendurchmesser von 1 800 mm. Die kupferne Feuerbüchse war im Rohrspiegel 26 mm und in den Wänden 16 mm dick. Die Feuerbüchsdecke war mit Rücksicht auf die Fahrt in Neigungen auf 1 000 mm Länge um 60 mm geneigt.
Der Langkessel enthielt 30 Rauch- und 171 Heizrohre. Die Ausrüstung des Kessels war die bei Heißdampflokomotiven übliche. Unüblich war das selbsttätige Luftsaugventil auf der Naßdampfkammer des Überhitzerkastens, das bei geöffnetem Regler durch den Dampfdruck im Überhitzerkasten geschlossen gehalten wurde. Bei der Fahrt mit geschlossenem Regler diente es der Verbesserung des Druckausgleichs in den Zylindern. Die angesaugte Luft kühlte die Umkehrenden der Überhitzerelemente und wurde hierbei erwärmt.
Der doppelwandige Schornstein diente gleichzeitig als Schalldämpfer der Riggenbachschen Gegendruckbremse.
Die beiden Dampfzylinder des Triebwerkes hatten waagerechte Mittellinien, waren jedoch gegen die Achsmitten überhöht. Ihre Gußstücke waren gegeneinander austauschbar.
Außerhalb des Rahmens lag die Heusinger-Steuerung mit gleichen Füllungsverhältnissen für beide Fahrtrichtungen.
Die Lokomotive war mit der Knorr-Druckluftbremse, der Wurfhebelhand- und der Riggenbachschen Gegendruckbremse ausgerüstet. Die Räder der Kuppelradsätze wurden einseitig von vorn durch Klötze abgebremst.
Zu den besonderen Einrichtungen zählte der Druckluftsandstreuer. Von dem Sandkasten auf

Hauptdaten der Hanomag-Lokomotiven für die H. B. E

Baujahr		1927	1929
Achsanordnung		1'D1'	1'C1'
Zylinderdurchmesser	mm	640	530
Kolbenhub	mm	600	660
Treibraddurchmesser	mm	1 250	1 400
Laufraddurchmesser	mm	850	850
Fester Achsstand	mm	1 700	3 600
Gesamtachsstand	mm	10 800	9 000
Dampfdruck	bar	16	16
Rostfläche	m^2	3,12	2,55
Feuerbüchsheizfläche	m^2	11,6	10,5
Rohrheizfläche	m^2	133,4	108
Verdampfungsheizfläche	m^2	144	118,5
Überhitzerheizfläche	m^2	55	46
Wasserinhalt des Kessels	m^3	6,5	5,4
Dampfinhalt des Kessel	m^3	3,0	2,9
Verdampfungsoberfläche	m^2	9,4	8,5
Wasservorrat	m^3	9	8
Kohlevorrat	t	3	3
Lokomotivmasse	t	100,2	72,6
Reibungsmasse	t	72,0	51,0
Größte Zugkraft	kN	236	159
Höchstgeschwindigkeit	km/h	60	75

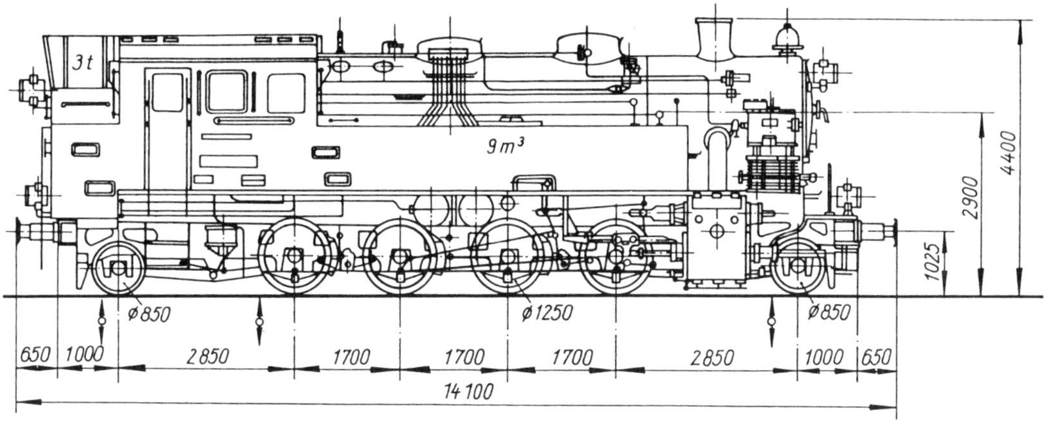

H. B. E. Nr. 10 Lieferzustand.

H. B. E. Nr. 10 bis 12.

H. B. E. Nr. 12 um 1930 bei der Bergfahrt nach Bast-Michaelstein.

dem Langkessel wurden alle Räder der Kuppelradsätze durch insgesamt 16 Rohre in beiden Fahrtrichtungen gesandet.
Links an der Rauchkammer befand sich ein Speisewasservorwärmer der Bauart Worthington mit Kolbenspeisepumpe.
Die Lokomotive hatte ferner eine Dampfheizeinrichtung, Gasbeleuchtung, einen Geschwindigkeitsmesser der Bauart Denta, zwei Schmierpumpen Bauart Bosch und ein Druckluftläutewerk. Alle dem Verschleiß unterliegenden Teile waren soweit möglich in Übereinstimmung mit Reichsbahnlokomotiven gewählt worden.
Die Leistung der Lokomotive entsprach nicht nur den Anforderungen und Berechnungen, sie übertraf sie noch. Die Lokomotive war in der Lage, bei trockenem Wetter 180 t in der Steigung von 60 ‰ zu schleppen und 130 t allein durch die Riggenbachsche Gegendruckbremse im gleichen Gefälle abzubremsen. Selbstverständlich wurde sie im Regeleinsatz nicht derart hoch beansprucht.

Die 1'C1'-Lokomotiven

Hanomag lieferte im Jahre 1929 drei 1'C1'h2-Lokomotiven an die Halberstadt-Blankenburger Eisenbahngesellschaft. Dort erhielten sie die Nr. 1, 2 und 3.
Die Lokomotive hatte viele Einzelheiten mit der 1'D1' gemeinsam, darüber hinaus war sie weitgehend mit der DRG-Einheitslokomotive Baureihe 64 übereinstimmend gestaltet.
Abweichend waren auch bei diesem H. B. E.-Typ der überdimensionierte Kesseldurchmesser und die bedeutend größeren Zylinderdurchmesser als bei den Lokomotiven der Regelausführung. Der Barrenrahmen war für den Einsatz im schweren Gebirgsdienst gegenüber der Baureihe 64 verstärkt. Die Rahmenwangendicke betrug 85 mm, die Wangenverbindungen waren wesentlich kräftiger ausgeführt. Die Lokomotive wurde in vier Punkten abgestützt.
Für den Dampfkessel galten die gleichen Konstruktionsprinzipien wie für den der 1'D1'. Die beiden Dampfzylinder waren ebenfalls symmetrisch und für beide Seiten nach dem gleichen Modell gegossen. Zur Verbesserung des Wirkungsgrades waren die Kolbendurchmesser so groß gewählt, daß die auf den Steilstrecken notwendigen Zugkräfte bereits bei einer Füllung von 50 % erreicht wurden.
Druckausgleicher, Luft- und Einspritzventile waren H. B. E.-typisch, Steuerung und Bremsausrüstung analog der 1'D1'. Der Druckluftsandstreuer san-

H. B. E. Nr. 3 Lieferzustand.

dete alle gekuppelten Radsätze in jeder Fahrtrichtung.
Auch diese Lokomotiven erfüllten die Anforderungen und wurden die Regeltriebfahrzeuge des Reisezugdienstes auf der Harzbahn und den Flachlandstrecken der H. B. E.

Die wirtschaftlichen Auswirkungen

Mit den 1'C1' hatte die H. B. E. die durch den Krieg unterbrochene Entwicklung ihres Lokomotivparkes wieder in den Griff bekommen. Eine weitere Erhöhung des Bestandes wurde vorerst nicht erwogen. Ende der zwanziger Jahre hatte die H. B. E. einen Bestand von 21 neuzeitlichen Lokomotiven.
Der reine Reibungsbetrieb und die Inbetriebnahme der neuen Lokomotiven wirkten sich wirtschaftlich hervorragend aus. Aus der Tabelle auf Seite 101 ist ersichtlich, daß der Personenverkehr im Jahre 1929 die Frequenz des Jahres 1912 annähernd erreicht hatte. Deutlich zeichnet sich jedoch der Einfluß der entstandenen Kraftverkehrslinien ab: Der bedeutende Verkehrszuwachs im Reiseverkehr nach dem Kriege kam

Lokomotivbestand der H. B. E. im Jahre 1929

Anzahl	Gattung	Achsanordnung	Dienstmasse t	Reibungsmasse t	Höchstgeschwindigkeit km/h	Bemerkungen
4	T 20	1'E1'h2	100	83	50	
3		1'D1'h2	100,2	72	60	
3		1'C1'h2	72,8	51	75	
2	T 26	C1'n2	48,7	43	45	Zahnräder ausgebaut
4	T 12	1'Ch2	63	54	50	
2	T 9	C1'h2	56	45	50	
1	T 7	Cn2	42	42	45	aus Naßdampf 1929 umgebaut
2	T 3	Cn2	29	29	45	

H. B. E. Nr. 1 bis 3

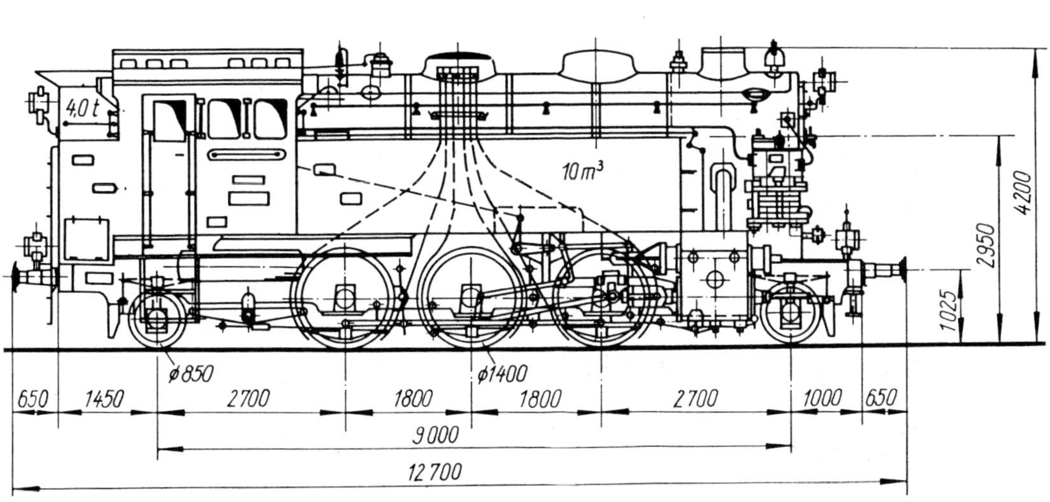

der Eisenbahn nicht zugute. Der Güterverkehr aber hatte Rekordziffern erreicht.

Welchen Einfluß der reine Reibungsbetrieb und die neuen Lokomotiven auf die wirtschaftliche Entwicklung genommen haben, wird deutlich, wenn wir zur absoluten Leistung die Nutzkilometer in den Vergleich einbeziehen.

Die Tabelle auf Seite 101 weist die reinen Nutzkilometer ohne die der Arbeitszüge aus. 1929 wurden somit 61,3 Mio. km weniger Zugförderungsleistung für einen rund 30 % höheren Gütertransport benötigt als 1912.

Die Bedeutung der Betriebskosten der Bahn war mehr denn je in den Vordergrund getreten. Galt es doch, alle Mittel und Wege zu nutzen, den Betrieb unter den nach wie vor schwierigen wirtschaftlichen Verhältnissen rationell zu gestalten.

Höhere Fahrgeschwindigkeiten durch die neuen Lokomotiven ermöglichte die Einsparung von Zugpersonal. Die Reparaturkosten an den neuen Zweizylinderlokomotiven waren wesentlich geringer als an den komplizierten Zahnradlokomotiven. Vor allem die Verwendung von Normteilen, wie sie andere Bahnverwaltungen ebenfalls an ihren Lokomotiven benötigten, wirkte sich wirtschaftlich aus.

Alles überragend spielte die Senkung des Kohleverbrauches die entscheidende Rolle. Der Kohleverbrauch auf der Harzbahn entwickelte sich nach Indienststellung der einzelnen Baureihen gemäß der Tabelle auf Seite 101.

Eine durch die Direktion angestellte Berechnung ergab, daß die Betriebskosten im Vergleich der Jahre 1929 und 1912/13 durch Einführung der neuen Lokomotiven um etwa 400 000 Mark gesenkt werden konnten. Nur so war es der Gesellschaft möglich, den wirtschaftlichen Mehrbelastungen der Nachkriegsjahre entgegenzuwirken.

Zwei Ausfahrten aus der Spitzkehre Bast-Michaelstein um 1930: bergwärts eine Maschine der TIERKLASSE, talwärts die H. B. E. Nr. 12 mit einem Kalk-Kübelzug.

Verkehrsleistungen auf der Harzbahn

Jahr	Beförderte Personen	Beförderte Güter in t	Geleistete Personen-km in Mio.	Geleistete Güter-tkm in Mio.	Nutz-kilometer in Mio.
1887	227 000	245 000	–	–	201,3
1892	297 000	360 000	5,0	8,8	222,0
1897	354 000	410 000	5,9	11,3	270,4
1902	485 000	460 000	7,3	12,3	341,1
1907	824 000	640 000	11,8	15,4	446,1
1912	1 399 000	917 000	17,0	20,7	593,6
1929	1 308 000	1 249 000	16,6	29,7	532,3

Spezifischer Kohleverbrauch der H. B. E.-Lokomotiven auf der Harzbahn

Betriebsart	Meß-Zeitraum	kg/1 000 tkm
Zahnrad		317
mit 1'E1'	Juni 1926 bis Februar 1928	275,5
mit 1'D1'	März 1928 bis April 1929	288,5
mit 1'C1'	Mai 1929 bis Dezember 1929	237,5

H. B. E. Nr. 2, die spätere DR 75 6677, auf der Bodebrücke bei Königshütte.

15

Die neue Strecke Blankenburg–Rübeland

Die Betriebskosten auf der Gebirgsstrecke waren zwar durch die Umstellung auf reinen Adhäsionsbetrieb wesentlich gesenkt worden, jedoch lagen sie immer noch relativ hoch. Die H. B. E. entschloß sich daher, die Möglichkeiten für eine neue Trassenführung zwischen Blankenburg und Rübeland zu untersuchen und Betriebskostenvergleiche zwischen dieser und der alten Streckenführung anzustellen.
Inzwischen hatten sich insbesondere die Industriewerke um Rübeland stürmisch entwickelt und entscheidend zur Vergrößerung des Verkehrsvolumens beigetragen. Doch gerade die Standorte der Kalkindustrie um Rübeland waren für eine günstige Kostenentwicklung der Gebirgsbahn nicht geeignet, denn der überwiegende Teil der Steilrampen war zwischen Blankenburg und Rübeland zu überwinden. Auf eine rentable Betriebsführung nahm besonders die Steigung 1:16,6 von Rübeland nach Hüttenrode, also in Lastrichtung, einen ungünstigen Einfluß. Rangierarbeiten waren in Hüttenrode zur Bildung vollausgelasteter Züge notwendig, in Bast-Michaelstein mußten zudem alle Züge Kopf machen.
Die Untersuchungen ergaben, daß zwischen Blankenburg und Rübeland eine Eisenbahnlinie möglich wäre, die ohne außergewöhnliche Erdarbeiten, Tunnel- und Brückenbauwerke wesentlich geringere maßgebende Neigungen als bei der vorhandenen Strecke zuließe. Maßgebende

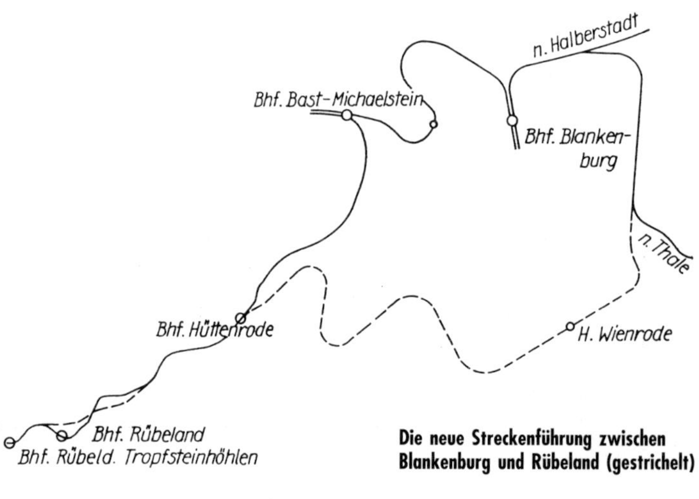

Die neue Streckenführung zwischen Blankenburg und Rübeland (gestrichelt)

Neigungen von 1:34,6 von Rübeland nach Hüttenrode, wo die Bahn in Lastrichtung steigt, und 1:30 von Hüttenrode nach Blankenburg, wo die Bahn in Lastrichtung fällt, wurden als ausführbar ermittelt. Die Neigungen noch weiter zu verringern, hätte die neue Strecke übermäßig verlängert. Die ermittelte Trasse forderte den fast vollkommenen Neubau der Eisenbahnlinie. Von der alten Strecke konnten nur der Bahnhof Hüttenrode, der aufgrund seines Verkehrsaufkommens wieder berührt werden mußte, und ein anschließendes Streckenstück von 1 km Länge weiterbenutzt werden.

Das Projekt

Die neue Trasse verläßt den Bahnhof Blankenburg in Richtung Osten, biegt jedoch gleich nach Süden ab und verläuft parallel zum Ostrand der Stadt bis zur Teufelsmauer. Die Teufelsmauer wird durchbrochen. Der Tunnel erhält eine Länge von 300 m mit einer Neigung von 1:41, so daß hin-

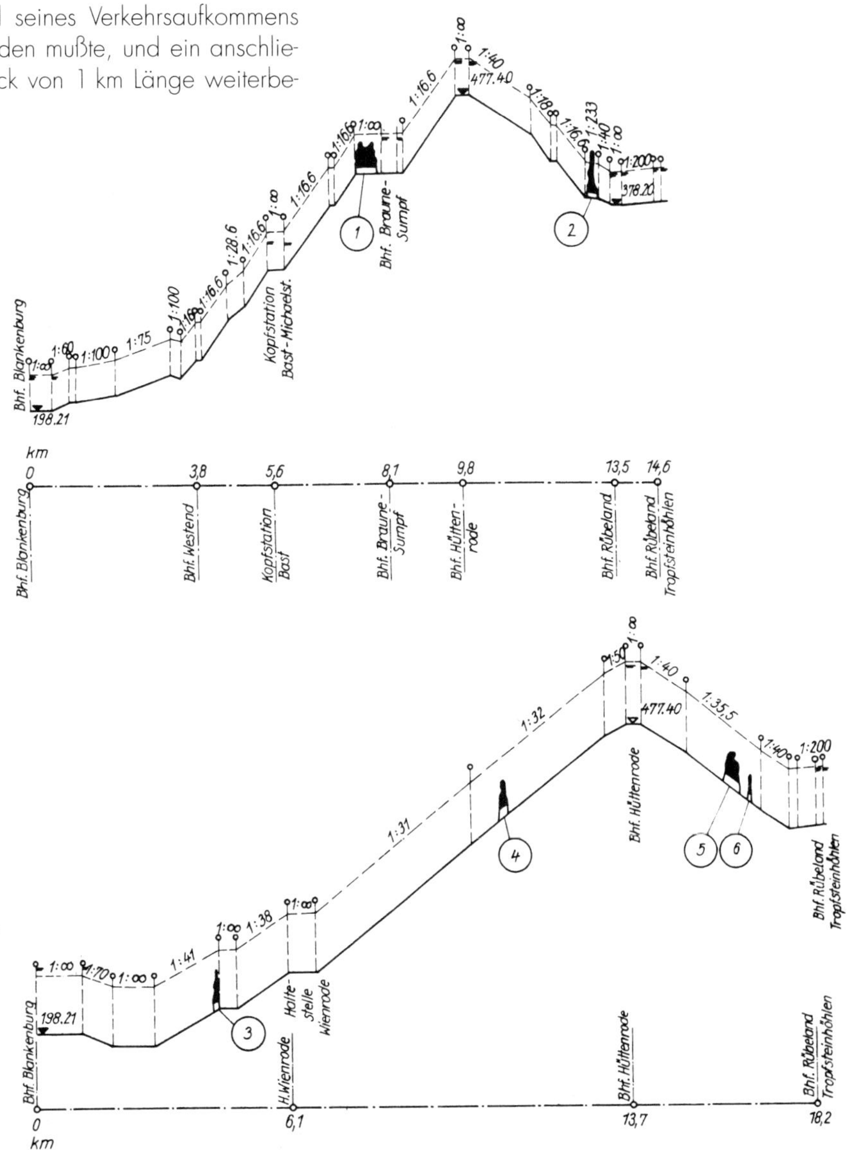

Die Neigungsverhältnisse der alten und der neuen Strecke Blankenburg–Rübeland
1 Bielsteintunnel
2 Bismarcktunnel
3 Teufelsmauertunnel
4 Schöth-Tunnel
5 Krumme-Grube-Tunnel
6 Nebelsholztunnel

ter seinem Südende bereits die Höhe von Wienrode erreicht ist.
Für das Dorf Wienrode ist ein Haltepunkt vorgesehen, von dem man einen beachtlichen Verkehrszuwachs erwartet.
Entlang den Hängen des Schnarrenkopfes, Krautberges, Schöths und des Reuker-Kopfes zieht sich die Trasse bei steter Bogenführung bis zur Höhe von Hüttenrode. Der kleinste Krümmungshalbmesser beträgt 350 m, ein Tunnel von rund 300 m muß den Schöth-Ausläufer durchqueren, das obere Tal des Schöth überspannt ein Viadukt von 90 m Länge. Der Scheitelbahnhof Hüttenrode wird unverändert beibehalten, ebenso die 1 000 m südlich folgende Streckenlänge. Hier zweigt die neue Trasse südwestlich ab, kreuzt die Straße Hüttenrode–Rübeland niveaufrei und benutzt den linken Hang des Kreuztales. Die scharfe Biegung des Tales wird durch den 330 m langen Tunnel Krumme Grube abgeschnitten, wodurch die Bahn rechtwinklig über einen Viadukt die Straße überquert. Am gegenüberliegenden Hang stößt die Trasse auf die Bergnase des Nebelsholzes, so daß hier wieder ein Tunnel vorgesehen werden muß. Dieser Tunnel liegt über dem Bismarcktunnel, die Achsen beider schneiden sich im Winkel von 30°. Am Hange des Nebelsholzes verläuft die Trasse weiter Richtung Rübeland, mündet aber nicht in den alten Bahnhof, sondern läßt diesen etwa 12 m unter sich, überquert erneut die Straße Hüttenrode–Rübeland über eine schiefe Brücke und senkt sich auf die alte Trasse. Ein neuer Bahnhof Rübeland Tropfsteinhöhlen wäre zu planen.
Die Gesamtkosten für die neue Eisenbahnverbindung mit einem Neubau von rund 14 km eingleisiger neuer Strecke wurden mit 2,75 Mio. Mark veranschlagt. Demgegenüber wurden Ersparnisse im Vergleich der Betriebskosten von jährlich 281 000 Mark errechnet, wobei die Beförderungsleistungen des Jahres 1929 zugrunde gelegt wurden; die für die kommenden Jahre nach der Wirtschaftskrise erhofften Steigerungen wurden nicht berücksichtigt.
Die Einsparungen erwartete man aus folgenden Quellen:

- Der Wegfall der Spitzkehre Bast-Michaelstein sowie mehrerer niveaugleicher Bahnübergänge ermöglicht die Reduzierung von Bahnhofs- und Streckenpersonal.
- Die ungewöhnlich hohen Unterhaltungskosten für den Oberbau in den Steilstreckenabschnitten fallen weg.
- Die Betriebsmittel werden geringer beansprucht, es sind weniger Instandhaltungskosten an Lokomotiven und Wagen sowie ein geringerer Bremsklotzverschleiß zu erwarten.
- Durch höhere Fahrgeschwindigkeiten wird die Beförderungszeit trotz größerer Streckenlänge um nahezu 30 % herabgesetzt.
- Die Schlepplasten der 1'E1' von Blankenburg nach Rübeland steigen von 180 auf 390 t und von Rübeland nach Hüttenrode auf 460 t. Bei gleichen Verkehrsleistungen werden die Lokkilometer auf 60 % zurückgehen.
- Einer sich abzeichnenden Verschärfung der Bremsbestimmungen kann rechtzeitig begegnet werden.

Ein weiteres Argument für den Streckenneubau waren die Vorteile für den Kreis Blankenburg:

- Der Kreis Blankenburg erhält eine leistungsfähigere Verkehrsverbindung.
- Es werden auf mindestens zwei Jahre Arbeiter bei dem Bau Beschäftigung finden können. Der Kreis hat dadurch direkte Einsparungen an Arbeitslosenunterstützung.

Die Baukostensumme wollte die H. B. E. durch eine Anleihe von 2 Mio. Mark aus der Pensionskasse für Beamte Deutscher Privateisenbahnen decken. Nach dem Reichsversicherungsgesetz mußte dafür ein Kommunalverband die Bürgschaft übernehmen. Die H. B. E. trat damit an den Kreis Blankenburg heran.
Am 23. Oktober 1929 verhandelte der Kreistag Blankenburg über den Antrag. Direktor Steinhoff von der H. B. E., zugleich Abgeordneter des Kreistages, berichtete zum Sachstand und nannte als Bauzeit zwei Jahre. Bürgermeister Zerbst, zugleich Aufsichtsratsmitglied der H. B. E., unterstützte den Antrag, und so wurde die Bürgschaft unter Ermächtigung des Kreisausschusses zur Regelung der Einzelheiten unter der Bedingung ein-

stimmig übernommen, daß darunter nicht die Kreditfähigkeit des Kreises leide, daß sofort mit dem Bau begonnen werde, daß der Kreis Einfluß auf das Finanzgebaren der H. B. E. gewinne, daß nur ortsansässige Arbeitslose beschäftigt werden und die Unternehmer im Kreisgebiet die Bauaufträge erhalten.

Die Ausführung

Von dem gesamten Projekt wurde Anfang 1930 zunächst der Umbau der Strecke Hüttenrode–Rübeland in Angriff genommen. Für diesen kurzen Bauabschnitt von nur 2,4 km Länge waren verhältnismäßig hohe Kosten vorgesehen, da 165 m Brücken und 430 m Tunnel herzustellen waren. Es wurde jedoch eine kurzfristige Amortisation erwartet, da die Trasse in Lastrichtung steigt und somit die Vorzüge der Gradientenänderung schneller wirksam würden.
Die Bauarbeiten begannen in Rübeland. Zur Sicherung der Massenausgleiche auf dem ganzen Abschnitt wurden die Erdarbeiten für das Gleisbett und die Tunneldurchbrüche gleichzeitig in Angriff genommen. Ohne den Tunnelausbruch waren etwa 25 000 m³ Erde, von denen rund 7 000 m³ Felsboden gesprengt werden mußten, zu bewegen.

Der Bau des Nebelsholztunnels mit Sohlstollen. Sammlung Krause

Untertunnelt wurden die Krumme Grube mit einer Länge von 307 m und die Bergnase des Nebelsholzes auf 90 m Länge. Das Gebirge um den Tunnel Krumme Grube besteht aus Stringozephalenkalk, der ohne Auszimmerung steht und nur stellenweise leicht ausgemauert zu werden brauchte, um das Herabfallen loser Gesteinsmassen zu vermeiden. Beim Nebelsholztunnel lagen die Verhältnisse ungünstiger. Das Gebirge besteht aus Tonschiefer, der infolge geringer Überdeckung stark verwittert ist. Er wurde mit einem 51 cm dicken Klinkergewölbe ausgebaut. In den Zwischenraum zwischen Gewölbe und Gebirge wurde Beton im Mischungsverhältnis 1:6 eingestampft.
Beide neuen Tunnel erhielten eiförmiges Profil.
Durch die neue Trassenführung wurde auch der Bau von drei Brücken über die Straße nach Rübeland notwendig. (Die alte Trasse überquerte die Straße zweimal niveaugleich.)
Die erste Brücke vor dem Kalkwerk Garkenholz aus Richtung Hüttenrode überspannte die Straße mit einem Winkel von etwa 39°. Die Bauform aus genieteten Blechträgern bietet nichts Bemerkenswertes.
Die Brücke am Haus am Stein vor Rübeland führt die Bahn kurz vor ihrer Wiedereinmündung in die alte Strecke unter einem Winkel von 20° über die Straße. Da der Schnittpunkt von Straße und Gleiskörper festliegt, vor allem durch die Abzweigweiche in den alten Bahnhof Rübeland, ergab sich das langgestreckte Bauwerk mit der Überspannlänge von etwa 46 m. Interessant ist das Einfügen des Wasser-Betriebsgrabens vom Sägewerk in das talseitige Brückenwiderlager. Der Graben mußte teilweise umgelegt werden, so daß sich diese Lösung zwangsweise ergab.
Vor dem Ortseingang Rübeland entstand die größte Eisenbahnbrücke des Harzes. In einer Höhe von 29,16 m überspannt sie das Kreuztal, ein Nebental des Bodetales. Das Bauwerk

macht einen ästhetischen Eindruck, der durch die reizvolle Umgebung noch weiter gestärkt wird. Für die Bauausführung wurde ein stählerner Viadukt gewählt, da eine Eisenbeton-Bogenbrücke beträchtlich teurer geworden wäre. Für die Wahl sprachen weiterhin die räumliche Enge der Baustelle, der Transport der Baustoffe über die Talsohle und eine mögliche Bauverzögerung durch Wintertemperaturen bei einer Betonausführung. Die Gesamtanordnung der Brücke zeigt einen vollwandigen Gerberbalken-Überbau auf zwei massiven Endwiderlagern und drei Mittelstützen. Die Fahrbahnschwellen liegen unmittelbar auf den Hauptträgern. Diese Ausführung wirkte sich entscheidend auf die Kosten aus, da die Blechträgerüberbauten ohne Rüstung mit Turm-Kränen aufgebracht werden konnten. Die gesamte Länge des Bauwerkes beträgt 99 m. Die Unterteilung in vier Felder ergab die Möglichkeit, die Zwischenpfeiler so zu stellen, daß die Landstraße auf der

Die Brücke am Haus am Stein während der Montage 1930.

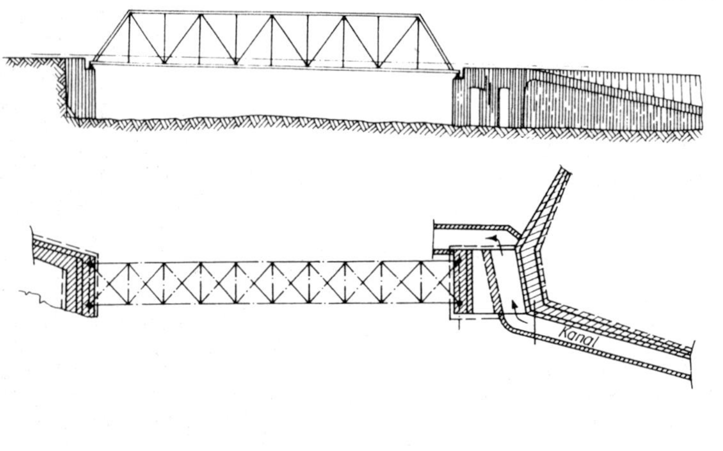

Brücke am Haus am Stein

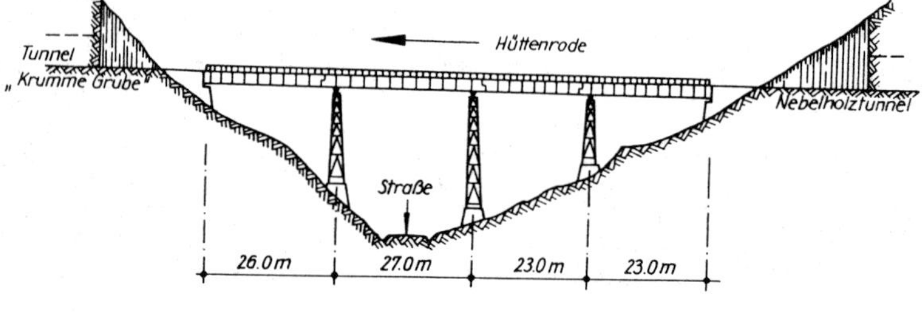

Krocksteinviadukt über das Kreuztal

Talsohle nicht verlegt zu werden brauchte. In Richtung Hüttenrode beträgt die Fahrbahnsteigung 28,5 ‰.
Die Bauzeit des Viaduktes mußte sehr knapp bemessen werden, da der Arbeitsbeginn am Krumme-Grube-Tunnel von der Fertigstellung der Brücke abhing. Die Montage begann am 24. März, nachdem am 1. Februar 1930 der erste Spatenstich für den Fundamentaushub getan war. Am 26. Juni, nach acht Wochen, war die Montage beendet, eine beachtliche Leistung.

Uebergabe der größten Eisenbahnbrücke im Harz

und Eröffnung der neuen Strecke Rübeland—Hüttenrode.

dt. Blankenburg, 13. Februar.

Die neue Bahnstrecke Rübeland—Hüttenrode wurde am Donnerstag vormittag mit dem großen Krocksteinviadukt, der größten Eisenbahnbrücke des Harzes, dem öffentlichen Verkehr übergeben. Vertreten waren dabei die Kreisdirektion Blankenburg, die beteiligten Gemeinden des Streckengebietes, der Halberstadt-Blankenburger Eisenbahn. Die Eröffnung ging vor wenigen Gästen vor sich, die mit einem Sonderzug, ab Blankenburg 11.26 Uhr, die neue Strecke abfuhren und eine Besichtigung der Tunnels und Brücken unternahmen. Obwohl die Presse in weitgehendstem Maße vorher schon über die Brücke und die Bahn berichtet, hatte die Bahnverwaltung die an dieser Harzbahn interessierten Zeitungen nicht eingeladen, weshalb die Presse nun auch ihrerseits kein Interesse an einer ausführlichen Berichterstattung hat.

Die „Magdeburger Tageszeitung" vom 14. Februar 1931.

Die Auswirkungen

Die neue Teilstrecke Hüttenrode–Rübeland wurde am 12. Februar 1931 dem Betrieb übergeben. Gegen Mittag verließ der Eröffnungszug mit den Gästen den Blankenburger Bahnhof und fuhr kurz hinter Hüttenrode in den neuen Streckenabschnitt

Die alte Trasse im Kreuztal mit dem Tunneleingang des Bismarcktunnels und der neue Viadukt um 1932.
Sammlung Lindenau

ein. Salut- und Böllerschüsse donnerten über das Kreuztal, als der Zug den Krumme-Grube-Tunnel verließ und vor dem Viadukt zum Halten kam. Generaldirektor Steinhoff zerschnitt das weiße Band und gab der Brücke den Namen Krockstein-Viadukt nach dem gegenüberliegenden Höhenzug. Im Lauf der Zeit bürgerte sich jedoch der Name Kreuztal-Viadukt ein, genannt nach dem Tal, das der Viadukt überspannt.

Die neue Teiltrasse des Gesamtprojektes brachte sofort spürbare Erleichterungen im Betriebsablauf. Zunächst war durch die Verminderung der Neigungen von 1:16 auf 1:37 die Bergfahrt mit 460 t statt bisheriger 180 t möglich. Ferner war die Engstelle Bismarcktunnel beseitigt, der wegen seines zu geringen Querschnittes keine Durchfahrt von Großraumwagen ermöglicht hatte. Und schließlich konnte durch den Neubau des Personenbahnhofs Rübeland Tropfsteinhöhlen eine wesentliche Erleichterung für den Rangierbetrieb geschaffen werden, indem der vorher für Rangierarbeiten völlig unzureichende alte Bahnhof Rübeland zum Güterbahnhof umfunktioniert wurde.

Personelle Einsparungen bei Bremsbesetzungen und der Bahnbewachung sollen nicht unerwähnt bleiben.

Das Projekt für die Strecke zwischen Blankenburg und Hüttenrode durch die Teufelsmauer über Wienrode lag ebenfalls fertig auf dem Tisch. Doch die finanzielle Lage der Halberstadt-Blankenburger Eisenbahngesellschaft ließ den Weiterbau nicht zu.

Das Empfangsgebäude des neuen Bahnhofes Rübeland Tropfsteinhöhlen.
Sammlung Krause

16

Triebwagen auf der Steilstrecke

Wie alle Eisenbahnverwaltungen war auch die H. B. E. nach dem Eisenbahngesetz von 1838 verpflichtet, den Personenverkehr unabhängig von der Wirtschaftlichkeit zu betreiben. Die sich verschärfende Konkurrenz mit dem Kraftverkehr und die seit der Stabilisierung der Währung dauernd ansteigenden Betriebskosten nötigten indes die Halberstadt-Blankenburger Eisenbahngesellschaft, nach Möglichkeiten zu suchen, die wirtschaftliche Basis des Personenverkehrs zu verbessern. Es wurde die Trennung des Güterverkehrs vom Personenverkehr beschlossen. Weiterhin wurde festgelegt, neue Fahrzeuge zu beschaffen, um den Personenverkehr auf eine eigene wirtschaftliche Grundlage zu stellen.

In den Jahren 1924 und 1925 wurden deshalb eingehende Untersuchungen über die Entwicklung der Betriebskosten bei der Wahl der verschiedensten Zugarten angestellt. Im besonderen wurden auf der Harzbahn Versuchsfahrten durchgeführt, da ja in Steigungen die erforderliche Zugkraft um 10 N je Tonne Zugmasse und Promille Neigung wächst.

Weitere rechnerische Untersuchungen über die Abhängigkeit der Betriebskosten von der Wagenzugmasse führten zu der Erkenntnis, daß bei einer Senkung der Wagenzugmasse auf 10 t eine weitere Betriebskostenersparnis von 7 % bis 15 %, je nach Umfang der Verkehrsleistung, eintreten würde.

Betriebskosten auf der Harzbahn in Pfennig pro Kilometer

Jahresleistung in km	50 000	40 000	30 000	20 000
Leichter Personenzug mit Naßdampflok T 3	87,9	95,7	108,8	135,0
Leichter Personenzug mit Heißdampflok T 3	77,0	85,9	100,7	130,4
Benzoltriebwagen mit 21 t Eigenmasse	78,5	86,4	99,4	125,6
Dieseltriebwagen mit 21 t Eigenmasse	59,8	68,6	83,4	113,0

Der Leichtmetall-Triebwagen

Die H. B. E. beschloß den Bau eines Triebwagens. Konstruiert wurde er von Generaldirektor Steinhoff und seinem Mitarbeiter Kettler in Gemeinschaftsarbeit mit der Waggon-Fabrik AG Uerdingen.

Der Triebwagen mit der Bezeichnung T 1 wurde am 7. Juli 1927 in Betrieb genommen. Bei 55 Sitzplätzen hatte er eine Leermasse von 9,7 t. Diese niedrige Fahrzeugmasse wurde in der Hauptsache durch folgende Maßnahmen gesichert:

- Das Fahrzeug erhielt keine Stoßvorrichtung. Somit konnte der Grundsatz des Eisenbahn-Fahrzeugbaues, jedem Fahrzeug in der Längsachse eine große Widerstandsfähigkeit zu geben, verlassen werden.
- Es wurde weitgehend das Leichtmetall Lautal verwendet.
- Die Wände des Wagenkastens wurden tragend ausgebildet. Somit entfielen die schweren Längsträger.
- Alle Fahrzeugelemente wurden bei Ausnutzung ihrer maximalen Festigkeit massesparend gestaltet.

Weitere interessante konstruktive Details waren die Radsätze und die Bremse. Bei einem Radstand von 6 500 mm und Krümmungen von 180 m auf der Harzbahn wurden zur Erzielung eines ruhigen Bogenlaufes bei geringem Spurkranzverschleiß beide Achsen durch Deichselgestelle im Fahrzeugrahmen gelagert. Parallel verschiebbare Pendelgehänge der Tragfedern bewirkten in einfacher Form die Achsrückstellung.

Die Masse eines normalen Wagenradsatzes betrug etwa 1 200 kg. Um auch die nicht abgefederten Massen herabzusetzen, sind besondere Scheibenräder entwickelt worden. Die nur 25 mm starken Radreifen wurden mit einer gepreßten Stahlblechscheibe und diese wiederum mit einem Bund auf der Achse verschraubt.

Die geringe Radreifendicke ließ die übliche Bremsvorrichtung mit Bremsklötzen nicht zu; sie wurde auch aufgrund ihres hohen Masseanteiles verworfen. Zur Ausführung kam eine Innenbackenbremse, deren Bremstrommeln an die Radscheiben angeschraubt wurden. Die geringen Kräfte im Bremsgestänge ermöglichten eine Ausführung mit geringster Masse. Die Radreifen des

Leichtmetall-Triebwagen T 1 der H. B. E.

Abmessungen des T 1.

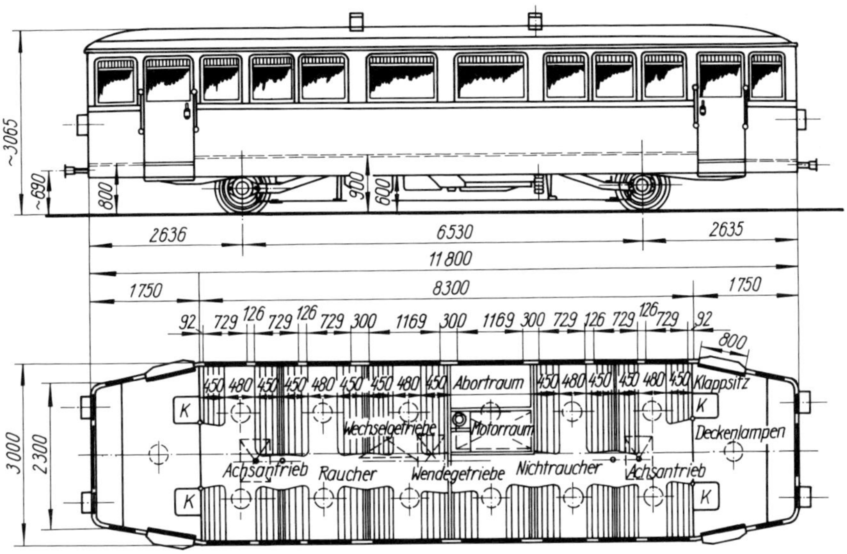

Fahrzeuges wurden, vom Schlupf abgesehen, in der Regel nur der rollenden Reibung ausgesetzt, der Spurkranzverschleiß war also sehr gering.

Die Maschinenanlage hing in einem besonderen Rahmen an den Querträgern des Wagenkastens. Dieser Rahmen, der den Motor, das Geschwindigkeitswechselgetriebe und das Wendegetriebe trug, konnte nach Lösen der Verbindungsschrauben samt Kardanwellen leicht abgesenkt werden.

Der ursprüngliche Büssing-Benzinmotor wurde nach einem Brand während der Versuchsfahrten durch einen schnellaufenden Sechszylinder-Viertakt-Dieselmotor mit einer Leistung von 50 kW bei 1 000 U/min und 66 kW bei 1 250 U/min ersetzt. Hersteller war die Maschinenfabrik Augsburg-Nürnberg (MAN).

Das Geschwindigkeitswechselgetriebe, ein Ölschaltgetriebe, war ein Erzeugnis der Schweizerischen Lokomotiv- und Maschinenfabrik Winterthur, und durch folgende Merkmale charakterisiert:

- Die Räderpaare der einzelnen Fahrstufen waren dauernd, auch beim Leerlauf, im Eingriff.
- Die Räder waren längsgeteilt. Zum Kuppeln und Entkuppeln dienten Reibungsscheiben, die in die Getrieberäder eingebaut waren. Durch diese Lösung entfiel die Hauptkupplung zwischen Motor und Getriebe.
- Das Schalten der Reibungsscheiben geschah durch Drucköl. Das Öl wurde durch die Hohlwelle zu- und abgeleitet.

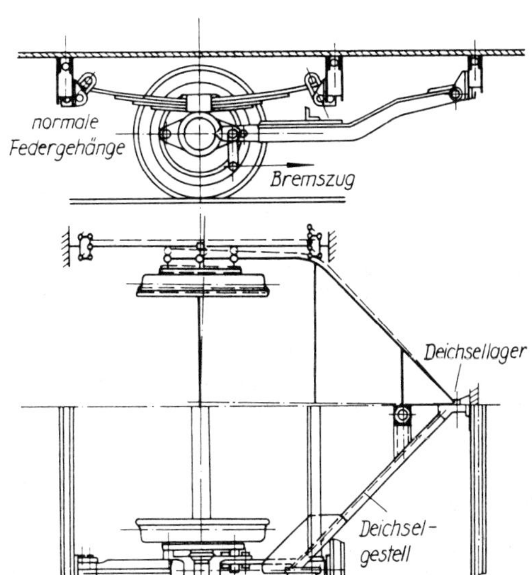

Ein Deichselgestell des T 1.

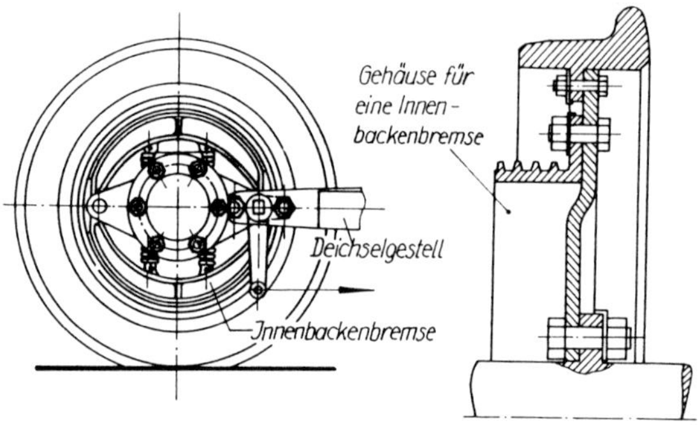

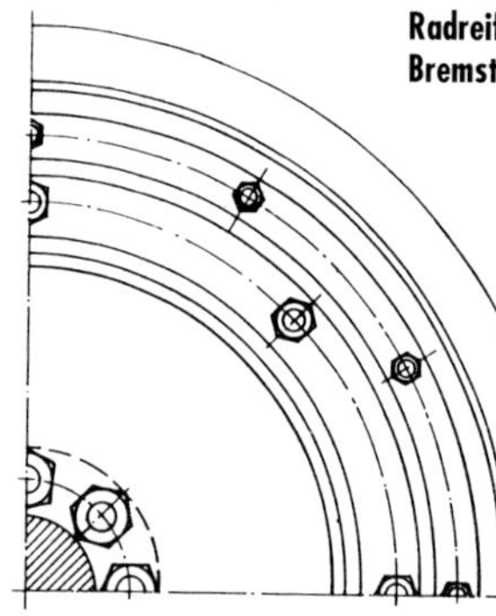

Radreifenbefestigung und Bremstrommeln des T 1.

– Das Getriebe wurde durch Verstellen des Ölverteilungshahnes mechanisch gesteuert, eine einfache Bedienung mit der besonders im Eisenbahnbetrieb gewünschten Funktionssicherheit.

Dem Ölschaltgetriebe war das Stirnrad-Wendegetriebe über eine Kettenkupplung nachgeordnet. Die Übersetzung des Wendegetriebes betrug 1:1,5. Die Kraftabgabe zu den beiden Achsantrieben über Kardanwellen vermittelten Hardy-Gelenke. Das Umschalten des Getriebes zur Fahrtrichtungsänderung erfolgte mechanisch von beiden Führerständen.

Außergewöhnlich war die sogenannte Totmannbremse, die als Notbremse ansprach, wenn der Triebwagenführer seinen Stand verließ. Dazu war am Wendegetriebe eine durch einen Servomotor mit Getriebedrucköl betätigte Backenbremse eingebaut. Eine Betätigung der Bremse bewirkte gleichzeitig das Abschalten des Geschwindigkeitswechselgetriebes, ohne daß der Schalthebel auf dem Führerstand in die 0-Stellung gebracht werden mußte. Somit wurde der Antrieb abgeschaltet und der Wagen gebremst.

Auf jeder Achswelle befand sich ein rollengelagertes Achsgetriebe, bestehend aus einem Kegelradpaar. Die Übersetzung der Kegelräder von 1:3 entsprach einer Höchstgeschwindigkeit des Triebwagens von 40 km/h. Sie wurde für die Steilstrecken der H. B. E. als optimal ermittelt. Durch den möglichen Austausch der Kegelräder in den Achsgetrieben auf ein Übersetzungsverhältnis von 1:2 ließ sich die Höchstgeschwindigkeit des Wagens auf 60 km/h einstellen.

Die Innengestaltung des Wagens wurde durch die offenen Portale zu den Plattformen der Bedienstände bestimmt. Alle Zwischenwände und die Portale bestanden aus 18 mm dickem Mahagoni-Sperrholz. Breite Schiebetüren auf beiden Plattformen an jeder Seite ermöglichten einen raschen Fahrgastwechsel.

Die Versuchsfahrten begannen in der zweiten Hälfte des Jahres 1927. Ein schon erwähnter Brandschaden hatte den Neuaufbau in den Werkstätten der H. B. E. im Jahre 1928 zur Folge. Eine Undichtigkeit in der Benzinleitung war die Ursache gewesen. Der Wagen wurde beim Neuaufbau vom Benzin- auf den bereits genannten Dieselmotor umgerüstet. Nach weiteren eingehenden Probefahrten begann Ende 1929 der fahrplanmäßige Einsatz.

Der Triebwagen ließ sich mit seinem Leistungsvermögen ohne Schwierigkeiten in dem vorhandenen Fahrplan verwenden. Er bot maximal 75 Personen Platz. Sonntags und feiertags wurde wegen des starken Ausflugverkehrs ein leichter Dampfzug eingesetzt; die Abstelltage dienten der Reparatur und der Wagenpflege.

Im Oktober 1930 wurde der Triebwagen für eine größere Instandsetzungsarbeit aus dem Betrieb gezogen und erhielt einen neuen Dieselmotor der Firma Humboldt-Deutz. In dem anschließenden planmäßigen Betriebseinsatz vollbrachte der Wagen von Januar bis Ende August 1931 eine kilometrische Laufleistung von 29 263 Zugkm insgesamt (etwa 3 660 km/Monat), davon 9 473 Zugkm auf der Flachbahn und 19 790 Zugkm auf der Harzbahn.

Die dem Fahrzeug zugrunde liegenden Baugrundsätze hatten im Betriebseinsatz ihre Richtigkeit bewiesen. Der erste Versuch, ein Eisenbahnfahrzeug mit tragendem Wagenkasten in Spantenbauweise unter Verwendung von Leichtmetall herzustellen, wurde ein voller Erfolg. Gut bewährt hat sich auch der Aluminium-Lack-Anstrich, der dem Triebwagen bald den Namen SILBERVOGEL einbrachte.

Die übrigen Triebwagen

Die finanziellen Ergebnisse des Triebwageneinsatzes waren so günstig, daß die H. B. E. ermutigt wurde, die Beschaffung weiterer Fahrzeuge vorzubereiten. Insbesondere für die Gebirgsstrecke wurden diese vorgesehen, da die gegenüber dem Dampfzug geringe spezifische Sitzplatzmasse erwiesenermaßen weitere Senkungen der Betriebskosten versprach.

Fahrgastraum des T 1.

DER SILBERVOGEL (T 1) zwischen Blankenburg und Bast-Michaelstein; um 1930.

Nach umfangreichen theoretischen Untersuchungen fiel 1931 die Entscheidung,
- drei sechsachsige Triebwagen, davon ein Reservewagen,
- einen vierachsigen Beiwagen,
- einen zweiachsigen kombinierten Post-/Gepäckwagen sowie
- einen zweiachsigen Triebwagen (T 1) zu beschaffen.

Es wurde festgelegt, daß die sechsachsigen Triebwagen auf der Gebirgsbahn entsprechend ihrer Leistung allein fahren sollten, auf allen anderen Strecken, als Hügellandstrecken bezeichnet, jedoch mit einem Beiwagen. In Fortführung dieses Vorhabens wurden auch Baugrundsätze für neuzeitliche Triebwageneinheiten erarbeitet, denen man die Bezeichnung TRIEBWAGENZÜGE BAUART BLANKENBURG gab.

Die Konzeption für diese Fahrzeuge sah folgendermaßen aus:
- ein sechsachsiger dieselelektrischer Triebwagen für 65 km/h Höchstgeschwindigkeit, Kapazität 160 Personen, zwei Dieselmotoren mit einer Gesamtleistung von 160/175 kW,
- ein vierachsiger dieselelektrischer Triebwagen, Kapazität 110 Personen, 110 kW Antriebsleistung,
- ein zweiachsiger Triebwagen nach den Erfahrungen des Leichtmetall-Triebwagens, jedoch dieselelektrische Leistungsübertragung,
- ein vierachsiger Beiwagen Bauart BLANKENBURG, Kapazität 120 Personen,
- zweiachsige Beiwagen Bauart BLANKENBURG, Kapazität 80 Personen, sowie als kombinierte Post-/Gepäckwagen. Die Masse dieser Beiwagen: 8 500 bis 9 000 kg.

Dieses Beschaffungsprogramm wurde jedoch nie realisiert, statt dessen stellte die H. B. E. im Jahre 1934 den T2, einen zweiachsigen dieselmechanischen Triebwagen, in Dienst. Erbaut von der Dessauer Waggon-Fabrik AG, bot er in zwei Fahrgastabteilen je 20 Sitz- und 15 Stehplätze. Auf der Harzbahn wurde der Wagen ohne Beiwagen gefahren, auf den übrigen Strecken der H. B. E. war das Mitführen eines Beiwagens möglich.

Am 21. Mai 1938 erfolgte die Inbetriebnahme des vierachsigen dieselhydraulischen Triebwagens T3.

Die Maschinenanlage mit 360 kW erlaubte eine Fahrgeschwindigkeit von 70 km/h bei einer Masse von 60 t auf Strecken mit Neigungen bis 1:100! Auf der Harzbahn erreichte der Wagen mit 20 t die dort zugelassene Fahrgeschwindigkeit von 40 km/h. Der Wagen wurde von der Maschinenfabrik Augsburg-Nürnberg gebaut und hatte neben dem Maschinenraum, den Führerständen, den Gepäck- und Postabteilen Platz für 60 Personen in der 3. Klasse und zehn Personen in der 2. Klasse. Bei einer Länge über Puffer

Triebwagen T 2 der H. B. E. am Bahnsteig in Rübeland. Der Triebwagen hatte einen 80-kW-Humboldt-Deutz-Motor mit 1 500 U/min sowie ein vierstufiges Mylius-Wechselgetriebe mit kombiniertem Wendegetriebe und Lamellenkupplung. Die Dienstmasse betrug unbesetzt 6,4 t, besetzt 9,4 t, die Länge über Puffer 11 616 mm.

Triebwagen T 3 der H. B. E.

Beiwagen der H. B. E., Bauart WISMAR in Stahl-Leichtbauweise.

von 20 840 mm betrug die Dienstmasse unbesetzt 35 t.
Die hohe Leistung von 360 kW wurde durch einen Sechszylinder-Reihenmotor der MAN bei 1 000 U/min mit Aufladung erzeugt, die Drehmomentenumwandlung durch ein Voith-Flüssigkeitsgetriebe in der Anordnung Anfahrwandler – zwei Marschwandler.
Zur besseren Ausnutzung der Zugkräfte gab die H. B. E. zunächst drei und später noch einmal zwei Beiwagen bei der Waggonfabrik Wismar in Auftrag. Mit einer Masse von nur 7,4 t bei 54

**Ausfahrten aus Bast-Michaelstein:
T 3 (oben) nach Rübeland, T 2 (unten) nach Blankenburg**

Sitzplätzen bildeten sie, gekuppelt mit dem T 3, eine Triebwageneinheit, die auf der Harzbahn ein Maximum an Wirtschaftlichkeit, aber auch an Reisegeschwindigkeit versprach.
Bereits während des Krieges, am 19. Oktober 1940, wurde der letzte von der H. B. E. in Auftrag gegebene Triebwagen in den Fahrzeugbestand eingeordnet: der T 4, ein zweiachsiger Wagen aus der Waggonfabrik Wismar. Seine Höchstgeschwindigkeit betrug 60 km/h. Bei einer Leermasse von 16,8 t war das Platzangebot 50 Sitz- und 25 Stehplätze. Die Maschinenanlage war mit einem 140-kW-Dieselmotor ausgerüstet. Auf der Harzbahn konnte der Triebwagen mit dem dazugehörigen Steuerwagen verkehren, der ebenfalls von der Waggonfabrik Wismar gebaut worden war.

17

Die T20 im Harz

Der zweite Weltkrieg war längst entschieden, als am 8. April 1945 das Oberkommando der Wehrmacht den Harz zur Festung erklärte. Zurückflutende Militäreinheiten und der Volkssturm sollten die Verteidigung übernehmen, die aus Richtung Westen vordringenden Einheiten der amerikanischen Armee seien aufzuhalten; so lautete der Befehl. Dazu sollte im Kreuztal bei Rübeland eine Sperre errichtet werden, um die Straße von Rübeland nach Hüttenrode unpassierbar zu machen. Es war befohlen, vom Krockstein-Viadukt eine Lokomotive auf die Talstraße zu stürzen. Weiterhin war vorgesehen, die Dachsklippe zu sprengen, um mit den Gesteinsbrocken gleichfalls diese Straße zu sperren; auch war die Kreuztaler Bodebrücke nach Neuwerk zu zerstören.
Ende 1944 hatte die H. B. E. eine bayrische Gt 2 × 4/4, die 96 002, leihweise aus Aschaffenburg erhalten, um ihren abgewirtschafteten Lokomotivbestand aufzufüllen. Diese Lokomotive sollte die Panzersperre im Kreuztal werden. Das Abstürzen der Lokomotive vom Viadukt war durch einseitiges Anheben und Abkippen vorgesehen. Das Geländer der Brücke zur Neuwerker Seite wurde abgebaut und im Tunnel Krumme Grube die Druckpumpe des Deutschlandgerätes aufgestellt. Die Hubstempel auf der Brückenmitte erhielten Rohrleitungsverbindungen zum Druckerzeuger im Tunnel. Die Rangierlok Nr. 31 war für die Druckluftversorgung der Druckpumpe des Gerätes vorgesehen.
Am 17. April 1945 stand die Lokomotive 96 002 auf dem Viadukt, doch abgekippt wurde sie nicht. Der kaufmännische Direktor der H. B. E., Dr. Sommer, vereitelte den Wahnwitz. Lediglich die Kreuztaler Bodebrücke konnte noch gesprengt werden. Dr. Sommer entging der Verfolgung. Am Nachmittag des 20. April war die Naziherrschaft in diesem Harzgebiet zu Ende.
Die 96 002 kam nach der Wiederaufnahme des Zugbetriebes ins Raw Stendal. Drei Jahre später, im April 1948, kam die zweite Lokomotive dieser Bauart, die 96 024, zur H. B. E. Sie wurde in Rübeland stationiert und fuhr die Züge zwischen Rübeland und Hüttenrode mit einer maximalen Zugmasse von 800 t bergwärts.

Güterzugtenderlokomotive der Baureihe 96^0 (bay. Gt 2 × 4/4), ab 1913 von Maffei gebaut.

MILITÄRREGIERUNG - DEUTSCHLAND

Halberſtadt-Blankenburger Eiſenbahn-Geſellſchaft

1. Es wird auf die Verfügung der Militärregierung, betreffend Personenverkehr (ohne Passierschein 30-Kilometer-Zone vom Wohnsitz aus), aufmerksam gemacht und darauf hingewiesen, daß dieselbe genauestens befolgt werden muß.

2. Alle Personen, die innerhalb der angegebenen Grenzen zu reisen wünschen, können dies mit der Eisenbahn tun. Sie haben bei Lösung von Fahrkarten dem Eisenbahnbeamten am Fahrkartenschalter ihre Ausweise, aus denen der Wohnsitz des Reisenden ersichtlich ist, unaufgefordert vorzulegen.

3. Genehmigter Fahrplan:

a) Blankenburg—Halberstadt

7.00	14.30	ab	Blankenburg	an	8.58	16.28
7.07	14.37		Börnecke		8.50	16.20
7.17	14.47		Langenstein		8.40	16.10
7.27	14.57		Spiegelsberge	ab	8.30	16.00
7.35	15.05	an	Halberstadt	ab	7.50	15.30

b) Blankenburg—Quedlinburg

10.30	18.30	ab	Blankenburg	an	9.36	17.56
10.42	18.42		Timmenrode		9.24	17.44
10.48	18.48		Thale-Nord		9.20	17.40
10.53	18.53	an	Thale-Bodetal	ab	9.15	17.35
11.00	19.00	ab	Thale-Bodetal	an	9.05	17.25
11.06	19.06		Thale-Nord		9.01	17.21
11.11	19.11		Warnstedt		8.56	17.16
11.17	19.17		Weddersleben		8.51	17.11
11.28	19.28	an	Quedlinburg-West	ab	8.42	17.02
11.30	19.30	an	Quedlinburg-Rb.	ab	8.40	17.00

c) Blankenburg—Tanne

6.10	15.30	ab	Blankenburg	an	9.25	18.45
			Blankenburg-Westend			
6.30	15.50		Bast-Michaelstein		9.10	18.30
6.39	15.59		Braunesumpf		8.56	18.16
6.50	16.10		Hüttenrode		8.51	18.11
7.00	16.20	an	Rübeland	ab	8.30	17.50
7.10	16.30	ab	Rübeland	an	8.26	17.37
7.17	16.37		Elbingerode Hbf.		8.20	17.31
7.30	16.46		Elbingerode West		8.15	17.25
7.50	17.05	an	Königshütte (Baustelle)	ab	8.00	17.10
		an	Tanne	ab		

Züge verkehren nur an Wochentagen.

H. B. E.
9. Juni 1945.

Der erste von der Militärregierung genehmigte Nachkriegsfahrplan der H. B. E.

Nach etwa sechs Monaten änderte sich der Einsatzort, und unsere 96 024 bespannte die Güterzüge auf der Strecke von Blankenburg nach Halberstadt. Kurz vor Weihnachten 1949 wurde sie ins Raw Stendal rückgeführt.
Schon vor der 96 002 hatte die H. B. E. 1943 und 1944 zwei Lokomotiven der Baureihe 95^0, darunter die 95 043, von der DRG ausgeliehen, da der eigene Lokomotivpark einen sehr hohen Reparaturstand aufwies. Die beiden T 20 bespannten die Überführungszüge zwischen Hüttenrode und Rübeland sowie Güterzüge nach Halberstadt.

Angaben aus dem H. B. E.-Buchfahrplan vom 19. Dezember 1944

Streckenabschnitt	Zugmasse in t	Höchstgeschwindigkeit in km/h
Hüttenrode–Rübeland	500	30
Rübeland–Hüttenrode	500	30
Blankenburg–Halberstadt	2 200	30
Halberstadt–Blankenburg	1 000	30

Der Zustand des Lokomotivparks verschlechterte sich Ende der vierziger Jahre zusehends, so daß die Deutsche Reichsbahn am 9. Oktober 1948 die 95 019 von Arnstadt nach Blankenburg umsetzte, um die mißliche Situation zu mildern. Da am 1. Januar 1950 die H. B. E. von der Deutschen Reichsbahn übernommen wurde, folgten rasch weitere Maschinen, und es begann eine neue Ära, die letzte und leistungsfähigste des 80 Jahre währenden Dampfbetriebes.
Mit der preußischen T 20 war eine der leistungsfähigsten deutschen Lokomotiven entstanden. Die Konstruktion fiel noch in die letzte Zeit der Preußischen Staatsbahn, so daß die Lokomotive alle Merkmale der letzten preußischen Entwicklungen im Lokomotivbau, wie Barrenrahmen und Belpaire-Hinterkessel, aufwies.
Nach dem zweiten Umzeichnungsplan der DRG vom 25. Juli 1923, der bereits auf den Bau von Einheitslokomotiven ausgerichtet war, erhielt die T 20 die Baureihenbezeichnung 95. In den Jahren 1922 bis 1924 wurden insgesamt 45 Lokomotiven beschafft. Hiervon bauten die Urheberfirma Borsig 18 und Hanomag 27 Maschinen.
Von Borsig wurde der Barrenrahmen mit 100 mm Dicke wie bei den Loks der TIERKLASSE beibehalten: Abweichend waren die Tragfedern vom ersten bis zum vierten und vom fünften bis zum siebenten Radsatz durch Längsausgleichhebel miteinander verbunden. Zum Erzielen guter Laufeigenschaften wurden die Laufradsätze mit den benachbarten Kuppelradsätzen zum Krauss-Helmholtz-Drehgestell vereinigt. Gesandet wurden zunächst nur vier gekuppelte Radsätze, aber sehr bald, wie bei den Lokomotiven der H. B. E., alle fünf Radsätze. Ungewöhnlich war die Herstellung des Langkessels: Er wurde aus zwei Halbzylinderhälften von 20 mm Dicke durch Doppellaschennietung zusammengesetzt. Der Langkessel bestand also aus einem Schuß bei einem Durchmesser von 1 860 mm.

Hauptkenndaten der BR 95^0

Zylinderdruchmesser	700 mm
Kolbenhub	660 mm
Treibraddurchmesser	1 400 mm
Laufraddruchmesser	850 mm
Fester Radstand	3 300 mm
Dampfüberdruck	14 bar
Rostfläche	4,37 m^2
Heizfläche gesamt	262,3 m^2
Lokomotivmasse	127,4 t
Reibungsmasse	95,3 t
Höchstgeschwindigkeit	65 km/h

Dem Bw Blankenburg wurden als Standardausrüstung elf Lokomotiven der BR 95^0 zugeführt. Diese Loks verblieben bis zur Einführung des elektrischen Betriebes auf der Harzbahn im Einsatz. Während der Elektrifizierungsarbeiten wurde der Bestand erhöht.
Den ständigen Lokomotivpark bildeten die 95 015, 95 016, 95 019, 95 023, 95 025, 95 027, 95 028, 95 029, 95 036, 95 039 und die 95 043.

Baureihe 95^0 (pr. T 20), Ursprungsausführung, ohne Schornsteinaufsatz.

Maßskizze der 95^0

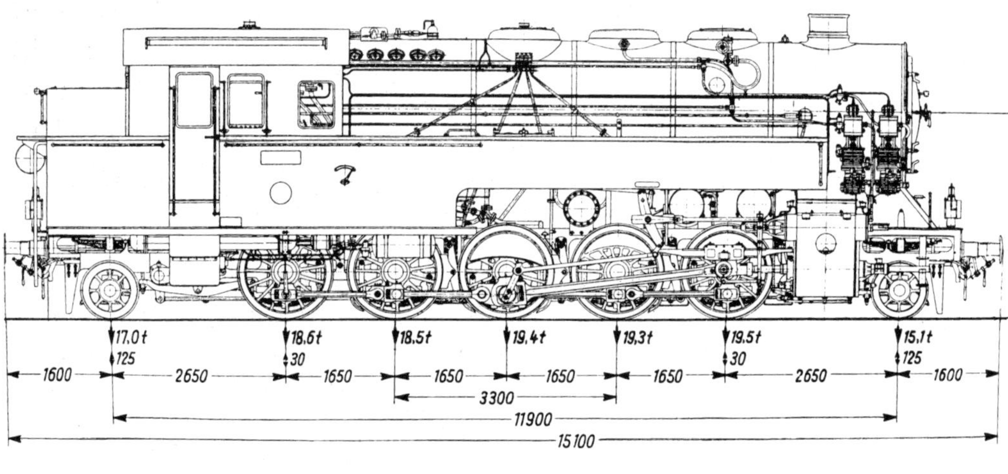

Die Lokomotiven wurden wegen ihrer Achsfahrmasse von 19 t nur auf dem Streckenabschnitt zwischen Blankenburg und Rübeland eingesetzt. Als Belastung für die Bergfahrt in der Neigung 60 ‰ wurde zunächst eine Wagenzugmasse von 130 t festgelegt, die 1955 auf 150 t erhöht wurde.

Die Lokomotiven erfreuten sich beim Lokomotivpersonal allgemeiner Beliebtheit, mehr als ihre Vorgänger MAMMUT, WISENT und BÜFFEL. Das hatte seine Ursache in den außergewöhnlich guten Laufeigenschaften, der Zuverlässigkeit aller Bauelemente, der geringen Schleuderneigung und nicht zuletzt in der Handlichkeit der Bedienung. Auch das Führerhaus mit der geneigten Stehkessel-Rückwand machte einen gefälligen Eindruck.

Die 95 028 mit der ex BÜFFEL im Vorspann; um 1960.

95 029 als Schiebelok an einem ausfahrenden Güterzug aus Bahnhof Blankenburg; 1964
Foto: Lange

95 6678

F

18

Die Steilstrecken-vorschrift

Die Halberstadt-Blankenburger Eisenbahngesellschaft war stets bemüht, ihren Eisenbahnbetrieb technisch modern zu gestalten. Soweit es das Zugförderungssystem selbst betraf, war sie bahnbrechend.

Umso mehr verwundert es, daß beim Abbremsen talwärts fahrender Züge auf der Harzbahn niemals auf die Besetzung der Handbremsen verzichtet wurde. „Beim Vorhandensein von hand- bzw. ungebremsten Wagen müssen 60 % durch Handbremsen abgebremst werden", lautete die H. B. E.-Weisung. Es war oft notwendig, die Handbremse luftgebremster Wagen zu besetzen und zu bedienen.

Für den Umgang mit der Gegendruckbremse hatte die Direktion der Halberstadt-Blankenburger Eisenbahngesellschaft zuletzt im Mai 1942 ein Merkblatt herausgegeben:

„1. Wirkungsweise der Bremse:
Luft und Wasser werden angesaugt, verdichtet und dadurch in Heißluft-Wasserdampfgemisch verwandelt. Wasser verbraucht je kg zur Verdampfung 645 kcal/kg, daher große Wärmeaufnahme bei Verdichtung, hierdurch wird Bremskraft erzeugt. Temperatur wird hoch; das ist unvermeidlich und wegen guter Bremsleistung erwünscht. Sie darf aber nicht zu hoch (soll unter 350° bleiben) werden, da sonst Schmieröl verkokt oder gar verbrennt (es ist nämlich Luft im Zylinder!). Temperatur darf aber auch nicht zu tief bleiben, weil sonst Öl durch Wasser weggewaschen wird, so daß schließlich Wasserschlaggefahr entsteht. Öl wird nach unten geschwemmt und emulgiert dort, bildet Paste vor den Zylinderhähnen: erhöhte Wasserschlaggefahr.

2. Höhe der Bremskraft mit Gegendruck:
Unabhängig von der Geschwindigkeit: Ze = ~ $^{1}/_{10}$ des Reibungsgewichtes als Dauerwert, vorübergehend w e s e n t l i c h mehr. D a u e r n d e Überanstrengung schadet dem Triebwerk und vor allem den Zylindern, Kolben, Stangen u. a., da Öl infolge zu hoher Temperatur verbrennt: trockene Reibung mit ihren Folgen.

3. Temperatur:
   Pyrometer beachten; erst nach Überschreitung von ~ 280° allmählich Wassereinspritzung einstellen und damit die Temperatur unter 350° halten. Nicht zu früh mit Einspritzen beginnen, da sonst keine Bremswirkung und ggf. das Öl abgewaschen wird.
4. Kesseldruck:
   Kesseldruck auf voller Höhe halten, weil sonst Gegendruck den Regler aufstößt und weil sonst kein Wasser eingespritzt werden könnte. Gegendruck kann bis dicht unter Kesseldruck (mindestens vorübergehend) gesteigert werden. Meist wird nicht über 8 bis 9 at Gegen(Schieberkasten-)druck gegangen.
5. Talfahrt in schwacher Neigung:
   Wenn Bremsfahrt nur so gering notwendig, daß nicht mit Gegendruck gearbeitet zu werden braucht, dann eventuell leicht mit Dampf fahren; dazu große Füllungen und kleinen Druck anwenden: ruhiger Lauf, Schonung des Triebwerkes.
6. Klotzbremse:
   Bei arbeitender Gegendruckbremse niemals Klotzbremse (Druckluft) benutzen, weil sonst Treibräder zum Stehen kommen (Schleifstellen!). Schienenreibung läßt sich nur einmal ausnutzen!"

Als die Deutsche Reichsbahn 1950 die H. B. E. übernahm, waren beide Vorschriften noch gültig, aber inzwischen betrug mit dem Einsatz der Baureihe 95 die zulässige Zugmasse auf dem Abschnitt Hüttenrode–Blankenburg 600 t. Zu dieser Zeit traten akute Schwierigkeiten im Bremsbetrieb der Güterzüge des Harzes auf. Der mangelhafte Zustand der Bremseinrichtungen, ein hoher Anteil an Westinghouse-Güterzugbremsen und an Leitungswagen waren die wesentlichsten Gründe.
Zur Wahrung der Betriebssicherheit wurde örtlich festgelegt, daß alle talwärts fahrenden Güterzüge in Braunesumpf zu halten haben, um die Hauptluftleitung aufzufüllen und so die Bremsbereitschaft wieder voll herzustellen.
Die Generaldirektion der DR wies im Oktober 1951 an, nach den Bahnhöfen und Anschlußgleisen der Strecke Blankenburg–Tanne nur Wagen mit Druckluftbremse und möglichst auch mit Handbremse zu stellen. Leitungswagen, die trotzdem noch in Blankenburg in bergwärts fahrenden Zügen gefunden werden, waren auszusetzen. Diese klare Weisung verdeutlichte den Ernst der Situation.
Weiter hieß es in der Weisung der Generaldirektion:

- Die GDR führt in Kürze eine Rahmenvorschrift für den Betrieb auf Steilstrecken ein, die für alle stärker als 1:25 geneigten Strecken, auch die Strecke Blankenburg–Tanne gilt.
- Zu dieser Vorschrift wird der Bremsberechnung der § 91 der Fahrdienstvorschriften zugrunde gelegt. Bis zur Herausgabe dieser Dienstvorschrift ist das praktizierte Verfahren der H. B. E. zugelassen.
- Alle Lokomotiven sind mit Bremsgewichtsanschriften zu versehen.
- Die Gegendruckbremse der Lokomotive ist grundsätzlich zu benutzen, dabei darf die Treibradbremse nicht ausgeschaltet werden, der G-P-Wechselhahn der Lok muß auch bei Güterzügen auf Personenzug-Stellung eingestellt sein.

Durch die Weisung der Generaldirektion wurden die bremsbetrieblichen Unregelmäßigkeiten im wesentlichen beseitigt. Nach Probefahrten mit dem Bremsmeßwagen auf der Strecke Rübeland–Blankenburg im September 1952 wurde die Einführung des § 91 der Fahrdienstvorschriften „Bremstafeln, Berechnen der Bremsgewichte" mit Beginn der Winterfahrplanperiode verfügt.
Das Anhalten talwärts fahrender Züge in Braunesumpf aus bremstechnischen Gründen wurde untersagt.
Es ist heute nicht mehr feststellbar, warum die H. B. E. den § 91 der Fahrdienstvorschriften nie eingeführt hat. Aber bekannt ist, daß die neue Bedienungsweise der Gegendruckbremse bei den Lokomotivführern zunächst starke Verwunderung auslöste. Seit Jahrzehnten war es ihnen in Fleisch und Blut übergegangen, vor dem Einschalten der Gegendruckbremse die Treibradbremse der Lok auszuschalten. Es war für sie nicht faßbar, daß dem nicht mehr so sein sollte, noch dazu der

G-P-Wechsel in die Stellung P, also Bremsart I, zu schalten war. Es vergingen Jahre, bis der neue Bedienungsablauf durchgesetzt war.
Inzwischen war die neue Rahmenvorschrift für den Betrieb auf Steilstrecken erarbeitet und zur Meinungsäußerung in die Fachkreise gegeben worden. Mit Wirkung vom 1. Juni 1957 wurde sie eingeführt. Jahre später wurde sie durch die endgültige DV Steilstr, so lautet ihre Abkürzung, gültig für den Gesamtbereich DR, abgelöst. Ihr Inhalt hat sich im wesentlichen nicht geändert.
Den Begriff Steilstrecke definiert die DV 465 (DV Steilstr): „Steilstrecken sind Streckenabschnitte mit einer stärkeren maßgebenden Neigung von 25 ‰ (1:40) auf Hauptbahnen oder von 40 ‰ (1:25) auf Nebenbahnen."
Die Betriebsführung auf der Strecke Blankenburg–Tanne erfolgte also von nun an nach der Steilstreckenvorschrift mit der Besonderheit, daß die Güterzüge die Strecke nicht in einer Zugbildung durchliefen, sondern in drei Abschnitten:

- Die in Blankenburg gebildeten Züge wurden durch die nach DV Steilstr zugelassenen Triebfahrzeuge, auch Berglokomotiven genannt, über die Spitzkehre Michaelstein bis Hüttenrode befördert.
- Zwischen Hüttenrode und Rübeland verkehrten Übergabezüge, die in der Regel auch von Berglokomotiven bespannt wurden.
- Auf dem Güterbahnhof Rübeland wurden dann die Züge für Elbingerode–Tanne gebildet, im Sprachgebrauch als „die Hornberger" bezeichnet. In der Gegenrichtung wurde analog verfahren.

Nach der Steilstreckenvorschrift sind bei der Talfahrt vor den Steilrampen Bremsproben durchzuführen, so daß Betriebshalte in Elbingerode, Hüttenrode und Michaelstein notwendig sind.

19

Das Chemieprogramm und die Rübelandbahn

Im Jahre 1958 beschloß die Regierung der DDR den verstärkten Ausbau der chemischen Industrie, die verstärkte Anwendung der Chemie in allen Wirtschaftszweigen, das „Chemieprogramm der DDR".

Das Programm stellte der chemischen Industrie die Aufgabe, die Produktion bis zum Jahre 1965 auf 164 % zu steigern. An der Spitze sollte die Produktion von Plasten und synthetischen Fasern stehen.

Zu den großen Chemiebetrieben gehörten damals der VEB Chemische Werke Buna in Schkopau bei Merseburg, ursprünglich zur Gewinnung von synthetischem Kautschuk errichtet. Das Produktionsprogramm hatte sich erweitert, beruhte jedoch überwiegend auf Karbid und somit auf dem Grundstoff Kalk.

Ein weiterer enormer Kalkverbraucher war der VEB Stickstoffwerk Piesteritz für seine Produktion von Kalkstickstoff, ebenfalls aus Kalziumkarbid.

Zur Leistungssteigerung dieser Betriebe wurden wesentlich größere Kalkmengen aus den Kalksteinbrüchen und Kalkwerken erwartet, und diese lagen an der Harzbahn. Entsprechend der Organisationsform Mitte der sechziger Jahre waren dies:

- VEB Chemische Werke Buna
  Betriebsabteilung Bunakalkwerk
  Rübeland
- VEB Stickstoffwerk Piesteritz
  Betriebsabteilung Harzkalkwerk
  Rübeland
- VEB Bergbau- und Hüttenkombinat
  Calbe (Saale), Grube Einheit
  Rübeland als Lieferer von Schwefelkies
- Hornberger Kalkwerke i. V.
  Elbingerode.

Die Harzbahn war wieder einmal an der Grenze ihrer Leistungsfähigkeit angelangt. Alle Güterzüge, bespannt mit der Lokomotivbaureihe 95^0, verkehrten bereits mit einer Schiebelok. Die Masse für die Bergfahrt erhöhte sich damit auf 300 t. Als dies nicht mehr ausreichte, wurde eine dritte Lok angekuppelt, so daß bei zwei Zug- und einer Schiebelok sich das imposante Bild eines

Kalköfen bei Rübeland.

Zuges mit 450 t ergab, sicher ein Umweltverschmutzer, jedoch auch ein Ausdruck urwüchsiger Dampfgewalten, wenn diese leistungsstarken Lokomotiven sich die Steigung von 60 ‰ hinaufmühten. Die Zugmassen auf diese Art weiter zu steigern, war nicht möglich, die geringe Länge der Bahnhofsgleise setzte Grenzen. Die Durchlaßfähigkeit der Strecke war erschöpft, obwohl bereits am 1. November 1957 die nicht dem Berufsverkehr dienenden Reisezüge dem Kraftverkehr übertragen worden waren.
Deshalb wurde am Institut für Fördertechnik der Technischen Universität Dresden die Möglichkeit des Kalksteintransportes von beiden Rübeländer Kalkwerken durch eine Seilbahn untersucht. Es wurde festgestellt, daß eine Seilbahn technisch sehr wohl möglich ist, die Bedingungen eine Seilbahn aber unmöglich machen: Die Körnungen und Qualitäten des Kalkes fordern 32 Sortierungen, möglichst keinen Umschlag zur Vermeidung von Abrieb und eine Verarbeitung innerhalb von 24 Stunden nach Verlassen des Brennofens. Die nötige Bunkeranlage in Verbindung mit dem Seilverschleiß ließen die Seilbahn auch von der finanziellen Seite her ausscheiden.
Da der gebrochene Kalkstein vor dem Brennen gewaschen wird, wurden Überlegungen angestellt, den vorzerkleinerten Rohkalkstein in Rohren mit Wasser als tragendem Medium nach Blankenburg zu transportieren. Wasch- und Transportvorgang wären in einem erledigt.
In Blankenburg hätten jedoch neue Verarbeitungswerke errichtet werden müssen nebst neuen Bunker- und Verladeanlagen. Alle in Rübeland bestehenden wären überflüssig geworden, die Eisenbahn jedoch nicht. Somit schied auch die Pipeline als wirtschaftlich unvertretbar aus.
Blieb mithin die Eisenbahn. Aus dem Jahre 1931 lag noch das Projekt über die Neutrassierung der Strecke von Blankenburg über Wienrode nach

Hüttenrode mit einer maßgebenden Neigung von 33,3 ‰ vor. Schon der Wegfall der Spitzkehre Michaelstein hätte erhebliche betriebliche Vorteile erbracht.
Es wäre jedoch ein großer baulicher Aufwand erforderlich gewesen. Entscheidend für das endgültige Verneinen der Ausführung dieser projektierten Trasse war der notwendige Bau von drei neuen Tunneln mit 100, 140 und 225 m Länge. Dafür stand keine Tiefbaukapazität zur Verfügung.
Also schenkte man der Beseitigung der starken Neigung zwischen Blankenburg und Michaelstein sowie der Spitzkehre selbst starke Aufmerksamkeit. Die Spitzkehre Michaelstein war stets hinderlich gewesen; hinzu kam, daß die kurzen Gleislängen in der Kehranlage eine weitere Erhöhung der Zugmassen nicht zuließen. Deshalb wurden an der Fakultät Eisenbahnbau der Hochschule für Verkehrswesen „Friedrich List" Dresden mehrere Diplomarbeiten vergeben.

Nach den Lösungen sollte die Eisenbahnlinie die alte Trasse in Höhe der Kreuzung mit der Fernverkehrsstraße F 6 verlassen, den Ortsteil Oesig und den Ort Michaelstein umfahren und von hierab in Hanglage bei einer maximalen Neigung von 33 ‰ den Bahnhof Michaelstein nach Überquerung des Silberborntales erreichen. Damit wäre der Bahnhof Michaelstein zum Durchgangsbahnhof geworden.
Dieser scheinbar große betriebliche Vorteil konnte aber nur mit einem außerordentlich hohen baulichen Aufwand erkauft werden, wobei die neue Trasse noch 700 m länger geworden wäre. Zudem hätten die Züge nur in den selten-

Ein Güterzug von 450 t Wagenzugmasse mit zwei Lokomotiven der Baureihe 95⁰ an der Spitze und einer 95⁰ am Schluß des Zuges; 1960.
Foto: Krause

sten Fällen aus fahrplantechnischen Gründen durchfahren können, und die Zugleistungen wären nach wie vor durch die folgenden Neigungen mit 60 ‰ bestimmt worden. Die also tatsächlich nur geringen betrieblichen Vorteile und die enorm hohen Baukosten machten auch dieses Projekt zunichte.

Da also eine veränderte Streckenführung nicht das hielt, was sie zunächst versprach, untersuchte die DR eine Umstellung des Dampfbetriebes auf Diesel- oder Turbinenlokbetrieb. Diese Frage wurde durch den Stand des Lokomotivbaues der RGW-Mitgliedsländer rasch beantwortet: Weder war die Beschaffung leistungsstarker Diesellokomotiven möglich, noch gab es eine Garantie, daß die ČSD bis 1965 zuverlässige Turbinenlokomotiven entwickelt haben würden.

Als letzte Möglichkeit blieb zu überprüfen, ob eine Elektrifizierung die geforderte Leistungssteigerung der Harzbahn sichern könnte.

Dieser Gedanke war nicht neu. Bereits im Jahre 1909 hatten sich die Bergmann Elektrizitäts-Werke AG Berlin an die H. B. E. mit der Anfrage gewandt, ob die Direktion die Elektrifizierung ihrer Bahnlinien in Erwägung gezogen habe. Sollte dies der Fall sein, erklärten sich die Werke bereit, Projekte, Kostenanschläge und Wirtschaftlichkeitsberechnungen kostenlos auszuarbeiten, ohne daß der H. B. E. irgendwelche Verbindlichkeiten erwachsen würden.

Die eigene Leistungsfähigkeit auf dem Gebiet der elektrischen Bahnen hervorhebend, teilte man mit, daß die Bergmann-Elektrizitäts-Werke durch Verträge mit den Westinghouse-Gesellschaften sich deren erprobte Bahnsysteme, Patente und Erfahrungen gesichert habe und somit hohen Ansprüchen gerecht werde. Mit dem vertretenen Bahnsystem Bergmann-Westinghouse wären keine kostspieligen Versuche mehr notwendig, war der Inhalt der werbenden Formulierungen.

Es entwickelte sich ein reger Schriftverkehr zwischen den Bergmann-Elektrizitäts-Werken und der H. B. E., der seinen Höhepunkt in der Übersendung umfangreicher Unterlagen durch die H. B. E. zur Ausarbeitung eines Projektes für die Elektrifizierung der Bahnstrecken unter dem 13. Dezember 1910 erreichte. Gefördert wurde dieses Vorhaben durch die verwandtschaftliche Bindung des Aufsichtsratsmitgliedes Caspar aus Hannover an das Haus des Generaldirektors Bergmann.

Die Direktion der H. B. E. übersandte nicht nur Unterlagen, vielmehr auch ein Forderungsprogramm. Unter anderem wurde ein Strompreis von 2 Pfennig je Kilowattstunde erwartet von dem Augenblick an, in dem der Plan der Bodetalsperre verwirklicht wäre.

Wörtlich wurde der Bergmann Elektrizitäts-Werke Aktiengesellschaft aufgetragen:

„– Die Halberstadt-Blankenburger Eisenbahn-Gesellschaft wird niemals für ihren bahneigenen elektrischen Betrieb eine eigene elektrische Kraftstation bauen, da sich dieselbe niemals allein durch den Bahnbetrieb verzinsen kann, wie genugsam bekannt und festgestellt ist, vielmehr kann die Eisenbahn-Gesellschaft ihren Strom nur durch Entnahme eines auf genossenschaftlicher Grundlage eines Zweckverbandes errichteten Kreis- oder Provinzkraftwerkes bekommen. Bei der Projektbearbeitung wurde also hierauf zu rücksichtigen sein und die Kosten einer eigenen Bahnkraftstation von vornherein auszuschalten sein.

– Die Fahrgeschwindigkeiten würden auf der Strecke Halberstadt–Blankenburg zu 50 km in der Stunde und die Geschwindigkeit auf der Harzzahnradbahn derart anzunehmen sein, daß die Reisedauer von Halberstadt bis Dreiannen-Hohne bzw. Tanne etwa 1 $^{1}/_{2}$–1 $^{3}/_{4}$ Stunden betragen wird."

Auch die Allgemeine Elektrizitäts-Gesellschaft (AEG) in Berlin hatte ein ausführliches Projekt für die H. B. E. bearbeitet. Es interessierte sich ferner die Aktiengesellschaft Brown, Boveri & Cie (BBC). Sie offerierte ihre Erfolge mit den Schweizer Bahnen: der elektrischen Zahnradbahn auf den Gornergrat und der Vollbahn Burgdorf–Thun. Im September 1910 war es dann auch die Maschinenfabrik Oerlikon bei Zürich, die ihre elektrischen Lokomotiven anbot.

Alle Projekte wurden damals wieder ad acta gelegt. Doch nun, 1958, standen sie erneut zur Debatte, allerdings unter besseren technischen Voraussetzungen, aber auch härteren betrieblichen Anforderungen.

Gefordert wurde für die Bergfahrt eine Zugmasse von 600 t mit 50 km/h, für die Talfahrt 1 200 t mit der aus den Bremsverhältnissen zulässigen Geschwindigkeit. Ferner sollte in die gesamte Strecke bei voller Bewältigung des Frachtenaufkommens eine Kapazitätsreserve von 20 % investiert werden. Entsprechend dem theoretischen Leistungsvermögen einer elektrischen Lokomotive mußten sich bei der Bergfahrt also zwei Loks am Zug befinden. Bei Verwendung als Zug- und Schiebelokomotiven bestand die Möglichkeit, auf der Spitzkehre Michaelstein das Umsetzen von Lokomotiven zu vermeiden.

Mit der Wahl der zweckmäßigsten Lokomotive stand die Frage der anzuwendenden Stromart in unmittelbarem Zusammenhang:

- Die Verwendung von Gleichstrom mit 2,4 kV schied aus. Die Industrie war zwar in der Lage, aus ihrem Grubenbahnlokomotivprogramm Triebfahrzeuge entsprechender Leistung zur Verfügung zu stellen, die Fahrleitung hätte jedoch unvertretbar große Querschnitte gefordert.
- Über den elektrischen Zugbetrieb mit Einphasenwechselstrom mit 15 kV und 16 $^2/_3$ Hz verfügte die DR über genügend Erfahrung, so daß der Entschluß nahe lag, diese Stromart zu verwenden.

Deshalb legte das Ministerium für Verkehrswesen 1959 fest, im Fahrzeugprogramm der DR für das Jahr 1961 die Rekonstruktion von neun Lokomotiven der Baureihe E 91 vorzusehen. Diese laufachslose Gelenklokomotive mit zwei dreiachsigen Drehgestellen und Schrägstangenantrieb Bauart Winterthur hatte eine Höchstgeschwindigkeit von 55 km/h. Bei der Rekonstruktion sollte die Getriebeübersetzung auf eine Höchstgeschwindigkeit von 45 km/h geändert werden. Durch den Zugkraftgewinn wäre es dann möglich geworden, in der Steigung 1:16,6 300 t zu befördern.

Das in Betracht gezogene Stromsystem verlangte eine eigene Bahnstromversorgung. Der Bau eines Bahnkraftwerkes stand aber ebenso wie vor 50 Jahren, als die H. B. E. die Elektrifizierung der Harzbahn erwog, außerhalb jeder Debatte. Die Energieversorgung konnte mithin nur aus dem Landesnetz erfolgen mit der dort üblichen Frequenz von 50 Hz. Frequenzumformer aber standen noch nicht in leistungsfähiger Form zur Verfügung. So entstand die Entscheidung, Einphasen-Wechselstrom mit 25 kV bei 50 Hz anzuwenden.

Zwischen 1950 und 1960 hatten verschiedene ausländische Bahnverwaltungen Strecken mit diesem Stromsystem elektrifiziert. Auch Länder mit ausgedehnten Gleichstrom-Bahnnetzen, wie die Sowjetunion und Frankreich, wandten sich immer stärker dem 50-Hz-System zu. Das hatte den VEB Lokomotivbau-Elektrotechnische Werke „Hans Beimler" in Hennigsdorf bei Berlin bewogen, auf eigenes Risiko zwei 50-Hz-Versuchslokomotiven zu entwickeln.

Die LEW I und die LEW II wurden zunächst auf dem eigenen 1,5 km langen Versuchsgleis erprobt. Im Juni 1961 wurde die elektrifizierte Versuchsstrecke Hennigsdorf–Wustermark eingeweiht, auf die wahlweise das 16 $^2/_3$-Hz- oder das 50-Hz-System aufschaltbar war. Hier erfolgte die Erprobung der LEW I und LEW II unter betriebsmäßigen Bedingungen bei Einsatz ihres vollen Leistungsvermögens. Ende 1961 waren beide Lokomotiven einsatzbereit.

Einer Elektrifizierung der Harzbahn mit ihren Steilstrecken mit 60 ‰ stand nun nichts mehr im Wege. Es würde ein Inselbetrieb werden ohne Anschluß an das übrige elektrische Streckennetz der Deutschen Reichsbahn mit einem abweichenden Bahnstromsystem, aber gerade dadurch ausgezeichnete Studienmöglichkeiten bieten. Und es sollte eine Hochleistungsbahn werden mit außerordentlichen Transportleistungen; zudem wurde absolute Zuverlässigkeit verlangt.

In jenen Tagen, da das Projekt reale Gestalt annahm, begann urplötzlich der Name Harzbahn zu verblassen. An seiner Stelle entstand die RÜBELANDBAHN, die nicht nur dem Investitionsvorhaben den Namen gab, sondern über die Landesgrenzen hinaus rasch zu einem Begriff wurde.

20

Die Elektrifizierung

Die Elektrifizierung der Rübelandbahn sah neben der Ausrüstung der Strecke Blankenburg–Königshütte mit Fahrleitung auch die Rekonstruktion bzw. Erweiterung des Bahnkörpers zwischen Halberstadt und Elbingerode vor. Als Grundforderungen waren fixiert:

- Die Hauptgleise der Bahnhöfe müssen Nutzlängen von mindestens 450 m aufweisen. Diese Gleislänge entspricht der Länge eines Zuges mit einer Bruttomasse von rund 1 200 t, gebildet aus 40 beladenen Kalk-Kübelwagen.
- Ein erhöhter Personaleinsatz ist unbedingt zu vermeiden.

Strecke Halberstadt–Blankenburg

Die Elektrifizierung der Rübelandbahn erforderte das Anpassen der eingleisigen Nebenbahn Halberstadt–Blankenburg als Verbindung zum Hauptbahnnetz an die kommenden Belastungen. Die Strecke Halberstadt–Blankenburg wurde deshalb für eine Geschwindigkeit von 60 km/h und eine Achsfahrmasse von 21 t hergerichtet.
Die Kreuzungsgleise der Bahnhöfe Halberstadt, Spiegelsberge, Langenstein und Börnecke erhielten die erforderlichen Längen. Diese drei Unterwegsbahnhöfe bekamen Gleisbildstellwerke, sie wurden auf Lichtsignale umgestellt.
Zu dem Vorhaben auf dieser Strecke gehörte auch der Bau einer eingleisigen Verbindungskurve von der neugeschaffenen Abzweigstelle Harsleben zum Stellwerk Hof des Bahnhofes Halberstadt. Diese Verbindungskurve ermöglicht den Übergang der Ganzzüge in der Relation Blankenburg–Halle auf die Strecke nach Aschersleben ohne Belastung des Bahnhofes Halberstadt. Der Wagenumlauf konnte hierdurch wesentlich beschleunigt werden.

Bahnhof Blankenburg

Der Kopfbahnhof Blankenburg, eingebettet in städtische Anlagen und Industriebetriebe, hatte einen Güterbahnhof im Bogen mit 200 m Radius und ließ absolut keine Erweiterung zu. Es boten sich zwei Möglichkeiten für die Anlage einer neuen Gleisgruppe: am Streckengleis Halberstadt–Börnecke–Blankenburg oder am Streckengleis Blankenburg–Michaelstein.

Bereits in den dreißiger Jahren hatte die H. B. E. Vorstellungen für den Bau eines neuen Güterbahnhofs zwischen Börnecke und Blankenburg erarbeitet. Auch die Reichsbahndirektion Magdeburg hatte 1952 eine derartige Aufgabe untersucht; im Zusammenhang mit dem Vorhaben „Steigerung der Erzabfuhr" war ein Vorprojekt ausgearbeitet worden.

Nun wurden erneut die Standorte am Streckengleis Halberstadt–Blankenburg und am Streckengleis Blankenburg–Michaelstein untersucht. In beiden Fällen sollten Gleisgruppen gleicher Länge in einer Neigung von 1:400 angeordnet werden. Maßgebend für die Entscheidung zugunsten der Lage der neuen Gleisgruppe an der Strecke nach Michaelstein war der errechnete geringere bautechnische Aufwand. Somit wurden in der Gleisgruppe Blankenburg Nord sechs Gleise als Hauptgleise und eins als Lokbetriebsgleis eingerichtet.

Die Wahl der Gleisanzahl und des Standortes hat erhebliche betriebliche Vorteile:

- Alle Züge müssen zur Wahrung der Betriebssicherheit auf der Steilstrecke wagen- und bremstechnisch untersucht werden.
- Der Abschnitt Blankenburg–Michaelstein ist betrieblich ein Engpaß der Strecke, er bestimmt die Durchlaßfähigkeit. Durch die Lage der Gleisgruppe am Streckengleis Blankenburg–Michaelstein verkürzt sich dieser Abschnitt um 1 300 m.
- Die am Streckenabschnitt Blankenburg–Michaelstein gelegenen Anschlüsse Harzer Eisenerzgruben, Holzlagerplatz und Harzer Werke können direkt an die neue Gleisgruppe angebunden werden. Es entfallen die bisher üblichen Sperrfahrten auf die freie Strecke zur Bedienung dieser Anschlüsse.

Die neue Gleisgruppe wurde durch Verbindungsgleise an den Bahnhof Blankenburg und an das Streckengleis Halberstadt–Blankenburg angeschlossen. Sie erhielt den Namen Bahnhof Blankenburg Nord.

Mit dem Bahnhof Blankenburg Nord entstanden auch ein modernes Zentralstellwerk und als Einspeisepunkt für die Bahnstromversorgung ein Unterwerk.

N 9503 fuhr am 16. Juni 1964 als erster Zug in den Bahnhof Blankenburg Nord ein, bespannt mit der 95 029 und der 95 6677.
Sammlung Krause

Bahnhof Blankenburg Nord; 1980.

Bahnhof Michaelstein

Bis Mitte der fünfziger Jahre hieß der heutige Bahnhof Michaelstein Bast-Michaelstein, im Sprachgebrauch meist nur „die Bast" genannt. Der Ursprung des Namen Bast ist nicht eindeutig bekannt.

Die auf dem Bahnhof Michaelstein vorhandenen drei Gleise hatten Nutzlängen von 200 bis 220 m. Sie endeten am Berghang, den Gleisschluß bildeten einfache Prellböcke. Mit der Zunahme der Massen der talwärtsfahrenden Züge entwickelte sich der Bahnhof Michaelstein immer mehr zu einer Gefahrenstelle der Harzbahn.

Die drei Gleise wurden deshalb verlängert. Hierzu wurde der Bahnhof um den Staufenberg weiter herumgeführt. 108 000 m^3 Massen, ausschließlich Fels, wurden ab- und 102 000 m^3 aufgetragen. Alle drei Gleise wurden als Hauptgleise ausgebildet und am Ende des Bahnhofes

Trassenführung vor den Einfahrweichen des Bahnhofes Michaelstein; 1980. Links das Gleis nach Blankenburg, rechts nach Hüttenrode.

Bahnhofskopf der Spitzkehre mit Bremsprellböcken; 1980.

durch eine Weichenstraße vereinigt, deren Abschluß zwei Stumpfgleise mit Bremsprellböcken bilden.

Bahnhof Hüttenrode

Der Bahnhof Hüttenrode liegt auf dem Kamm eines Höhenrückens, dessen Länge nur etwa 300 m beträgt. Die Bahnhofsköpfe mit den Eingangsweichen liegen bereits im beiderseits angrenzenden Gefälle von 25 ‰.

Parallel zur Gleisanlage des alten Bahnhofes wurden deshalb drei je 450 m lange Kreuzungsgleise angelegt. Um die Länge zu erreichen, mußte ein Einschnitt unter Abtrag von 77 000 m^3 Erd- und Gesteinsmassen hergestellt werden.

Von der alten Bahnhofsanlage in der oberen Höhenlage verblieben das durchgehende Hauptgleis, ein Kreuzungs- und ein Abstellgleis.

Bahnhof Hüttenrode. Unten die neue Gleisgruppe, oben die alte Bahnhofsanlage.
Foto: ZBDR

Der Bielsteintunnel

Ohne Zweifel war die Umgehung des Bielsteintunnels eines der interessantesten Bauobjekte der Rübelandbahn, und die Umgehung die allein richtige Lösung der Frage, wie das Lichtraumprofil des Bielsteintunnels freizumachen wäre, um die Fahrleitung einbringen zu können.
Wir entsinnen uns: Der Bielsteintunnel gehörte einst zur Trasse der Erzstufenbahn, durchschlagen im Grubenbahnprofil und beim Bau der Harzzahnradbahn auf das Lichtraumprofil nach Anlage 3 der Eisenbahn-Bau- und Betriebsordnung erweitert. Bei einer lichten Höhe des Tunnels von rund 5 m betrug die geringste Tunnelüberdeckung etwa 10 m, die größte 22 m. Direkt am oberen Tunnelmund überquerte die Fernverkehrsstraße F 27 den Bielsteintunnel. Hier betrug die Überdeckung kaum 1 m. Das Tunnelgewölbe bestand aus Natursteinmauerwerk, dessen Gefüge durch den Einfluß der Rauchgase und durch Kluftwasser sehr in Mitleidenschaft gezogen war.
1959 wurden vier Varianten zur Profilerweiterung untersucht:
- Abtragung des Gesteins über dem Tunnel (Aufschlitzen);
- Durchtreiben eines neuen Tunnels parallel zur alten Trasse;
- zonenweises Entfernen der Ausmauerung im bestehenden Tunnel, Absprengung des Felsens und erneute Isolierung und Ausmauerung;
- Absenken des Gleises.

Zunächst fiel die Entscheidung, den Tunnel aufzuschlitzen. Doch die dabei zu erwartenden betrieblichen Behinderungen wären nicht vertretbar gewesen, so daß die Umgehung des Tunnels als wirtschaftlichste Lösung zur Ausführung gelangte.
Am 22. Juni 1965 wurde die Tunnelumgehung in

Einfahrt in den Bielsteintunnel von Braunesumpf; 1960. Foto: Bäzold

Lage und Längsprofil der Tunnelumgebung; a alter Voreinschnitt, b neue Forstwegbrücke, c Eisenbahnbrücke über die F 27, d Bahnsteig Hp Braunesumpf, e Einschnitt, f Damm, g Anschnitt, h SO des alten Streckengleises
Quelle: Warnecke, G.: „Die Umgehung des Bielsteintunnels ...“, in: Deutsche Eisenbahntechnik 10/1964

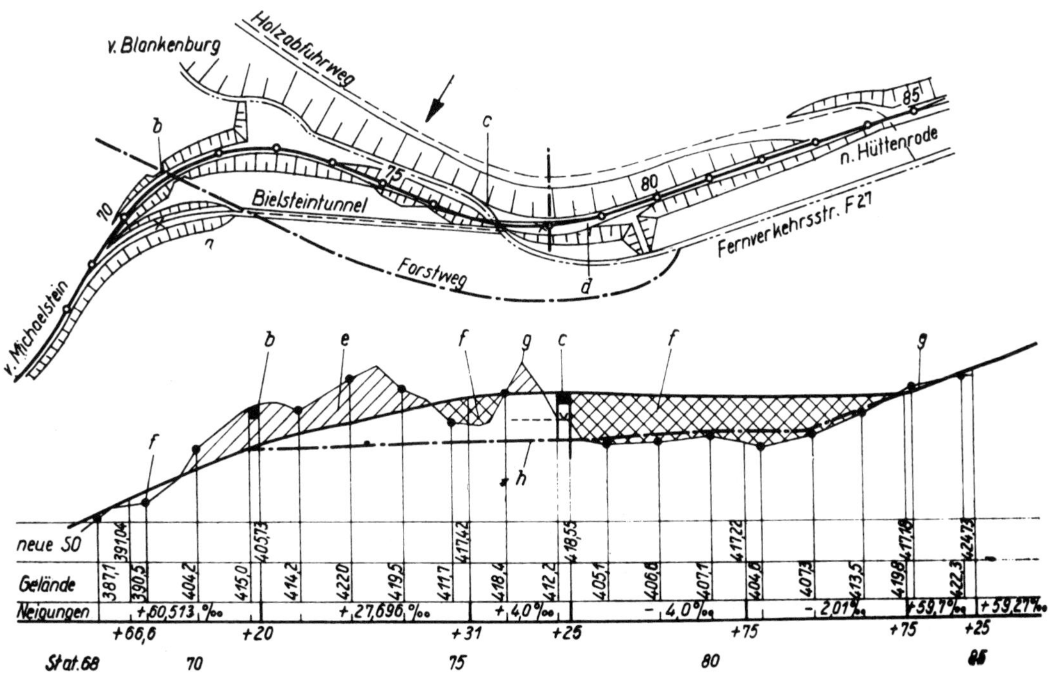

Betrieb genommen. Mit dem Auftrag von 277 500 m^3 und dem Abtrag von 241 600 m^3 ist bei der Umgehung soviel Fels bewegt worden wie seinerzeit in den Jahren 1884 und 1885 beim Bau der Harzbahn von Blankenburg bis Rübeland.
Mit dem Verschließen des oberen Tunnelmundes ist auch der Bielsteintunnel verschwunden. Der gewaltige Bahndamm mit der Brücke über die B 27 prägt nunmehr die Landschaft um Braunesumpf.

Das Ende des Bielsteintunnels; 1975.
Foto: Bäzold

S. 137:
Bahnhof Rübeland. Rechts Empfangsgebäude, links daneben das Gleisbildstellwerk.

Rübeland, 1980: Bode, Bahn, Straße.

Bahnhof Rübeland

Die Erweiterung des Bahnhofes Rübeland und vor allem die Vergrößerung der Nutzlängen der bestehenden Gleisanlagen war aus geographischen Gründen nicht möglich. Das enge Bodetal mit den beidseitig steil ansteigenden Berghängen läßt keine Veränderung des Ortsbildes zu. Die Bode, die Hauptstraße und die Eisenbahntrasse liegen parallel eng beieinander.

Die nötigen Erweiterungen der Bahnanlagen wurden deshalb in den Kalkwerken vorgenommen. Beide Kalkwerke in Rübeland, das Werk I im Bodetal und das Werk II im Kalten Tal, haben neue Übergabebahnhöfe mit Gleisen von 450 m Nutzlänge erhalten. Moderne Signalanlagen sichern die Ein- und Ausfahrten der Züge.

Bahnhof Elbingerode

Elbingerode verfügte über zwei Bahnhöfe, Elbingerode Hbf und Elbingerode West. Aufgrund der Lage der Bahnhöfe zum Ort Elbingerode waren diese Bezeichnungen jedoch irreführend. Elbingerode Hbf lag am Stadtrand und hatte keine Bedeutung für den Reiseverkehr, ein Widerspruch, der durch die städtebauliche Entwicklung entstanden war. Der Bahnhof Elbingerode West mußte für den Reiseverkehr also unbedingt erhalten bleiben. Dagegen sprach, daß dieser Bahnhof nicht über Güterverkehrsanlagen verfügte, da die Geländeverhältnisse keine brauchbare Straßenzuführung zuließen.

Der Aufwand zur Umgestaltung dieser Anlage wurde in sechs Varianten mit der Auflage geprüft, möglichst nur einen Bahnhof oberbautechnisch zu verändert.

Elbingerode West wurde zum Bahnhof Elbingerode umgestaltet. Er erhielt neben dem durchgehenden Hauptgleis ein Kreuzungsgleis von 450 m Nutzlänge und ein Abstellgleis von 250 m. Diese Gleisanlagen sind erforderlich, da

Bahnhof Elbingerode; 1980.

für Fahrten in und aus Richtung Blankenburg der nächste geeignete Kreuzungsbahnhof erst Hüttenrode ist. Kreuzungen mit Güterzügen sind in Rübeland nur möglich, wenn ein Zug in die Anlage des alten Bahnhofes Rübeland zurücksetzt.
Elbingerode Hbf wurde aufgelassen. An seiner Stelle verblieb ein Wagenladungsknoten als Anschlußstelle am Streckengleis Rübeland–Elbingerode.

Wechsel–Drei Annen Hohne

Am 1. Dezember 1965 wurde der Abschnitt (Elbingerode) Abzweigung Wechsel–Drei Annen Hohne stillgelegt, eine Maßnahme, die bei der Bevölkerung wenig Verständnis fand und noch heute bedauert wird. Die Verkehrsleistungen gingen an den Kraftverkehr über, der, einer Untersuchung gemäß wirtschaftlicher als die Eisenbahn sei.

Königshütte–Tanne

Der Streckenabschnitt Königshütte–Tanne wurde nicht elektrifiziert, sondern Königshütte als Endpunkt des Netzes ausgebaut. Am 1. Januar 1969 wurde dann das verbliebene Streckenstück Königshütte–Tanne stillgelegt. Damit war eine der schönsten Eisenbahnstrecken in einer reizvollen Umgebung endgültig aus dem Fahrplan gestrichen. Heute erinnern der Bahndamm und das ehemalige Stationsgebäude Tanne, umgebaut zu einem Wohnhaus, an die Harzzahnradbahn und ihre Eisenbahner.

Die Sicherungstechnik

Entsprechend den Grundsätzen für Hauptbahnen wurde die Strecke Blankenburg–Rübeland–Elbingerode für eine Streckengeschwindigkeit von 50 km/h umgebaut und mit Streckenblock ausgerüstet. Der Restabschnitt Elbingerode–Königshütte behielt seine Höchstgeschwindigkeit von 30 km/h. Die sicherungstechnische Ausrüstung erfolgte ohne Streckenblock nach den Grundsätzen für Nebenbahnen.
Die Bahnhöfe Blankenburg, Michaelstein, Rübeland und Elbingerode erhielten zentrale Gleisbildstellwerke der Bauform WSSB II. Auf dem Bahnhof Hüttenrode wurden zwei neue mechanische Stellwerke der Bauform Einheit gebaut. Der Bahnhof erhielt Lichtsignale und zentrale Signalstellung.

21

Die Lokomotiven der Baureihe 171 (ex 251)

Nach der Vorführung der Baumuster LEW I und LEW II bestellte die Deutsche Reichsbahn beim VEB Lokomotivbau-Elektrotechnische Werke „Hans Beimler" in Hennigsdorf 15 Lokomotiven für die Rübelandbahn, ohne die Baumuster zu übernehmen.
Die Lokomotiven waren alle im Jahre 1965 auf der Versuchsstrecke nach Wustermark, um ihre Werkerprobung zu absolvieren. Mit ihnen erschienen immer mehr Eisenbahner aus Blankenburg in den Produktionsstätten in Hennigsdorf und auf den Gleisen bei Berlin. Galt es doch, die Fahrzeuge kennenzulernen und in Zukunft statt dampfführende Rohrleitungen stromdurchflossene elektrische Leiter, elektrische Maschinen und Schaltgeräte zu beherrschen.
Alle, die kamen, aber auch diejenigen, die sich zu Hause auf das Kommende vorbereiteten, waren sich der Größe der Aufgaben bewußt. Zwei Namen sollen genannt sein, die im Mittelpunkt des Geschehens standen: die Oberlokomotivführer Hermann Boschet (†) und Harald Bréum. Als Abnahme-Lokomotivführer der DR erprobten sie ein Jahr lang alle Lokomotiven im LEW Hennigsdorf. Mehr noch: Sie unterwiesen auch kurzzeitig aus Blankenburg kommende Berufskollegen und waren so der Beginn einer Qualifizierungskette, die sich fächerförmig ausbreitete.
Die vom LEW für die Rübelandbahn gebauten Lo-

Die 251 004 und 251 006 (heute: 171 004 und 171 006) auf der Versuchsstrecke bei Wustermark; 1965. Foto: DEWAG-Werbung

komotiven sind sechsachsig. Gemäß ihren spezifischen Einsatzbedingungen müssen sie Weichen mit einer Neigung von 1:7,5 und Gleisradien von 140 m befahren können. Für die Talfahrten war eine elektrische Gefällebremse gefordert worden.

Hauptdaten der BR 171 (ex 251)

Achsfolge	Co'Co'
Stromsystem	50 Hz 25 kV
Höchstgeschwindigkeit	80 km/h
Stundenleistung (bei 38 km/h)	3 660 kW
Zugkraft bei Stundenleistung	320 kN
Max. Anfahrzugkraft	428 kN
Lokomotivmasse	123 t
Achsfahrmasse	20,5 t
Leistung der elektrischen Bremse	800 kW
Max. Bremskraft	165 kN
Treibraddurchmesser	1 350 mm
Haupttransformator	
Traktionsleistung	4 360 kW
Spannung für Heizleistung	1 000/3 000 V
Heizleistung	400 kVA
Hilfsbetriebespannung	220/380/470 V
Hilfsbetriebeleistung	150 kVA
Fahrmotoren	
Wellenstrom-Reihenschlußmotoren	
Stundenleistung	610 kW bei 900 U/min
Stundenstrom	540 A bei 1 200 V
max. Motorspannung	1 200 V
Kühlluftbedarf	2 m^3/s

Oberlokführer Hermann Boschet (†) und Harald Bréum, 1966.

Maßskizze der Baureihe 171 (ex 251)

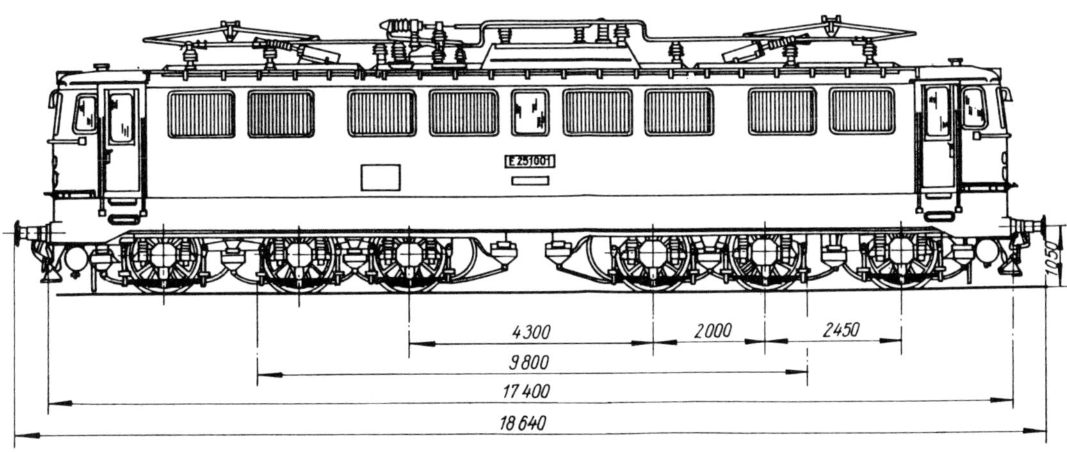

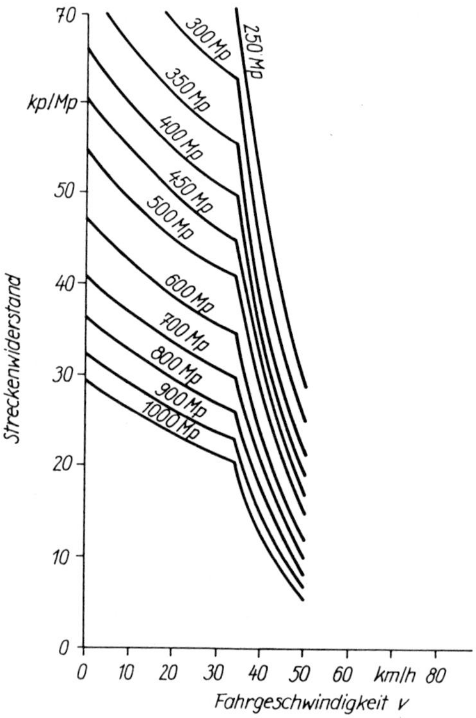

s/v-Diagramm der Baureihe 171 (ex 251) für die Steilstrecke

Die Meßfahrten

Im Sommer 1965 nahm sich die Versuchs- und Entwicklungsstelle für die Maschinenwirtschaft der Deutschen Reichsbahn der Neuentwicklung an. Nach eingehenden Prüffeldmessungen im VEB LEW „Hans Beimler" wurde die E 251 002 auf der Versuchsstrecke Hennigsdorf–Wustermark leistungs-, lauf- und bremstechnisch untersucht. Anfang 1966 folgten Untersuchungen auf der Rübelandbahn, um die für den Betriebseinsatz erforderlichen Kenndaten festzulegen.
Es wurden die maximalen Anfahrzugkräfte ermittelt und die Fahrstufenkennlinien ausgefahren. Ein weiterer Punkt des Erprobungsprogramms waren die Messungen der elektrischen Bremse.
Spezielle Messungen dienten dem Nachweis des Oberwellengehaltes des Fahrleitungsstromes, der Verzerrung der Spannungskurve sowie der Welligkeit des Fahrmotorstromes.

Von besonderer Bedeutung waren die Meßfahrten zur Festlegung der maximalen Anhängemassen. Eine flüssige Betriebsführung fordert, die Züge auch auf den steilsten Abschnitten von 60 ‰ sicher anfahren zu können. Es wurden deshalb Anfahrversuche auf den Steilrampen bei feuchten und vereisten Schienen mit Zugmassen von 250 bis 400 t durchgeführt. Aus diesen Erkenntnissen entstand die Festlegung von 300 t Höchstmasse für die Bergfahrt, einem Wert, der eine zügige Fahrweise ermöglicht. Das Leistungsvermögen der BR 171 (ex 251) war damit fixiert.
Im Sommer 1965 ergab sich eine Möglichkeit, die E 251 001 im Ausland zu erproben. Die Bulgarische Staatsbahn hatte die Strecke Sofia–Plovdiv mit 50-Hz-/25-kV-Einphasen-Wechselstrom elektrifiziert. Die Strecke hat eine Länge von 160 km, davon weisen 40 km Neigungen über 10 ‰ und rund 8 km die Maximalneigung von 25 ‰ auf.
Die Bulgarische Staatsbahn nahm auf dieser Strecke einen Leistungsvergleich moderner 50-Hz-Lokomotiven vor. An dem Vergleich waren eine schwedische Rb 1 der Firma ASEA, eine französische BB 16 500 der Firma Alsthom sowie je eine neuentwickelte Bo'Bo' und Co'Co' der Leninwerke Pilsen beteiligt. VEB LEW Hennigsdorf schickte die E 251 in den Wettbewerb.
Die E 251 001 reihte sich würdig in den Kreis der Kontrahenten ein. Als Höchstmasse wurden 1 100 t in den Maximalsteigungen angefahren und auf eine Geschwindigkeit von 35 km/h beschleunigt. Hierbei wurde eine maximale Zugkraft von 505 kN am Zughaken gemessen. In der Zeit vom 1. Juni bis zum 31. Juli 1965 war die Lokomotive ständig im Einsatz und erreichte eine Laufleistung von 15 000 km. Die gesamte elektrische Ausrüstung der Lokomotive hat sich im Verlauf der harten Erprobung bewährt.
Die Lokomotiven der Baureihe 171 genügen sowohl in ihrer Leistungsfähigkeit als auch in der Stückzahl den Anforderungen auf der Rübelandbahn. Sie sind im Bw Blankenburg beheimatet. Güterzüge werden stets mit zwei 171, eine an der Zugspitze und eine am Zugschluß, gefahren, Reisezüge mit einer 171.

22

Diesellokomotiven auf der Rübelandbahn

Das Jahr 1965 neigte sich dem Ende, ein Jahr intensiver Bauarbeiten auf der Rübelandbahn, aber auch ein Jahr intensiver Vorbereitungen der Eisenbahner auf den kommenden Traktionswechsel. Die Baumaßnahmen auf der Strecke Halberstadt–Blankenburg–Rübeland–Elbingerode hatten einen Stand erreicht, der die Aufnahme des elektrischen Zugbetriebes gestattete; 15 elektrische Triebfahrzeuge standen bereit.

Da geschah etwas, womit man gerechnet, bislang aber nicht hatte beweisen können. Der VEB Berg- und Hüttenkombinat Calbe förderte in seinem Betriebsteil Braunesumpf Eisenerz. Mit elektrischen Zündeinrichtungen zum Sprengen wurde unter Tage im unmittelbaren Bereich der Gleisanlagen unserer elektrischen Eisenbahn der Berg bezwungen.

Die Deutsche Reichsbahn hatte die beteiligten Institutionen und Betriebe bereits im Jahre 1963 auf die mögliche Beeinflussung des Sprengbetriebes durch Streuströme aufmerksam gemacht. Das hatte insofern seine Berechtigung, da die Tagebaue und Bergwerke des Harzes für ihre Sprengarbeiten Zünder mit hoher Empfindlichkeit, die schon bei einer Stromstärke von 180 mA ansprechen, verwandten. Nun war die Grube Braunesumpf in den unmittelbaren Beeinflussungsbereich der elektrischen Eisenbahn geraten, so daß der Verdacht begründet war, daß Sprengzünder unkontrolliert detonieren.

Die Beratungen hatten seinerzeit mit der Festlegung geendet, die elektrische Beeinflussung in der Eisenerzgrube Braunesumpf durch Versuche und Messungen zu erfassen. Klarheit bestand darüber, daß die Versuche erst zum Abschluß gebracht werden können, wcnn die elektrische Fahrleitungsanlage einschließlich des Umspannwerkes in Blankenburg bautechnisch fertiggestellt und einschaltbereit sind. Das war zum Herbst des Jahres 1965 der Fall.

Am 31. Oktober 1965 und am 7. November fanden die geplanten Messungen und Versuche statt. Es wurden Kurzschlüsse über dem Grubengelände und oberhalb des Bahnhofes Hüttenrode im elektrischen Fahrleitungsnetz geschaltet. Von 130 ausgelegten Zündern sprachen bei dem Kurzschluß hinter dem Bahnhof Hüttenrode 27 an und detonierten. Beim Kurzschluß über dem Grubengelände waren es von 137 ausgelegten Zündern 35, die durch Streuströme zündeten. Messungen zwischen dem Erdreich und metallischen Leitern in der Grube (Rohrleitungssystem und Grubenbahnschienen) ergaben beträchtliche Potentialunterschiede mit Strömen bis 250 mA.

Als erstes wurden die metallenen Konstruktionselemente unter Tage durch Kurzschlußbrücken verbunden, um einen Potentialausgleich zwischen den Anlageteilen zu schaffen. Die zweite, wesentlich entscheidendere Maßnahme war die Einführung hochunempfindlicher Zünder, sogenannter hu-Zünder. Diese Zünder besitzen einen höheren Innenwiderstand. Demzufolge vergrößert sich, um sie zum Ansprechen zu bringen, der Ansprechstrom von 180 mA auf 5 A je Zünder.

Beide Maßnahmen ergaben die technisch maximal realisierbare Sicherheit. Das betraf weniger den Einbau der Kurzschlußbrücken; denn die hochunempfindlichen Zünder einschließlich der dafür erforderlichen Zündmaschinen waren nur bei der Firma Schaffler & Co in Wien zu beschaffen. Und dafür waren die so knappen Devisen erforderlich.

In dieser mißlichen Situation fand die Deutsche Reichsbahn zwei Kompromisse, deren einer sich als sehr konstruktiv erweisen sollte.

Zunächst wurde entschieden, den elektrischen Betrieb grundsätzlich aufzunehmen. Dazu begann am 19. November 1965 das Erprobungsprogramm der Neubaulokomotiven mit Anfahrversuchen in verschiedenen Steigungen und mit unterschiedlichen Zugmassen, mit Bremsversuchen usw. Gleichzeitig aber mußte als erster Kompromiß eingegangen werden, daß vorab nur ein unterbrochener elektrischer Zugbetrieb möglich sein würde. In den täglichen Zeiträumen

von 3.00 Uhr bis 6.00 Uhr,
von 11.00 Uhr bis 14.00 Uhr und
von 19.00 Uhr bis 22.00 Uhr

mußte das gesamte elektrische Fahrleitungsnetz auf der Strecke und den Bahnhöfen mit Ausnahme des Bahnhofes Blankenburg abgeschaltet werden. Diese Zeiträume sollten die Bergbau- und Tagebaubetriebe für ihre Sprengarbeiten nutzen. Alle Güterzüge wurden außerhalb der Sprengzeiten elektrisch gefahren, entsprechende Fahrpläne ausgearbeitet.

Der zweite Kompromiß betraf den Reiseverkehr. Zwar war es möglich, den normalen Reiseverkehr auf den Kraftverkehr zu verlagern, nicht aber den Berufsverkehr, und der lag mit seinem Stoßbetrieb zu den Schichtwechseln genau in den Sprengzeiten, zu denen die Fahrleitung spannungsfrei geschaltet werden mußte.

Die Deutsche Reichsbahn entschloß sich daher, den Reiseverkehr auf der Rübelandbahn mit Diesellokomotiven zu betreiben. Die Reisezüge wurden aus zwei Diesellokomotiven der Baureihe V 60 (heute: 346) und zwei vierachsigen Beiwagen gebildet, wobei eine Diesellokomotive als Zug- und eine als Schiebelok fuhr.

Am 10. Dezember 1965 wurde diese Betriebsführung auf der Rübelandbahn aufgenommen. Es waren stets zwei derartige Zugeinheiten im Einsatz, die entsprechend ihrer installierten Leistung im Verhältnis zu ihrer Eigenmasse eine doch nennenswerte Reisegeschwindigkeit von durchschnittlich 20 km/h über die Steilstrecken von Blankenburg bis Königshütte und zurück erreichten.

Dieser Reiseverkehr auf der Rübelandbahn mit den abnormen Zugeinheiten fand bei den Reisenden allgemeinen Zuspruch. Nicht nur das angenehme Fahrgefühl, auch die Höchstgeschwindigkeiten von 50 km/h in Neigungen, die es technisch zuließen, sowie die 30 km/h in den Steilstrecken-Gefälleabschnitten gefielen.

Dem stand jedoch ein Aufwand an Material und an Personal gegenüber, der im Verhältnis zum erzielten Nutzen nicht vertretbar war. Vor allem war die Reisegeschwindigkeit im Berufsverkehr zu bemängeln, und dies umso mehr, da mit der elektrischen Traktion der modernste Eisenbahnbetrieb zur Verfügung stand.

Am 28. März 1966 erschien die Versuchs- und Entwicklungsstelle der Maschinenwirtschaft der Deutschen Reichsbahn erneut mit einem Meßwagen in Blankenburg, bespannt mit der Diesellokomotive V 180 062. Die Aufgabe lautete, die Eig-

Personenzugeinheit auf dem Bahnhof Elbingerode vor dem alten Bahnhofsgebäude; 1966.
Foto: Lange

Von der Spitzkehre Michaelstein bergab nach Blankenburg; 1966.
Foto: Lange

Auf dem Bahnhof Elbingerode; 1966.
Foto: Lange

180 062 mit vier Ci- und einem Meßwagen bei der Einfahrt in Michaelstein; 1966.
Foto: Lange

Diesel-Intermezzo 1966 auf dem Kreuztal-Viadukt.

nung dieser Lokomotivbaureihe für den Einsatz im Reiseverkehr auf der Rübelandbahn festzustellen. Damit sollte zugleich grundsätzlich geklärt werden, ob diese Baureihe entsprechend der Dienstvorschrift für den Betrieb auf Steilstrecken zugelassen werden kann. Die Erprobungs- und Meßfahrten fanden am 31. März 1966 statt. Der Abschluß ergab ein positives Urteil.

Ab 22. Mai 1966 wurden die Reisezüge der Rübelandbahn, gebildet aus zweiachsigen Reisezugwagen, mit den Diesellokomotiven der Baureihe V 180 (heute: 228) bespannt. Hierfür standen die Lokomotiven V 180 055, V 180 074, V 180 076 und V 180 079 zur Verfügung, alle mit einer Leistung von 1 320 kW. Die Wagenzugmasse der Reisezüge wurde auf 120 t festgelegt.

Und wieder hatte die Rübelandbahn eine wesentliche technische Neuerung im Eisenbahnwesen durchgesetzt, den Einsatz von Großdiesellokomotiven auf Steilstrecken.

Da in Blankenburg keine Lokführer für die Lokomotiven vorhanden waren, halfen mehrere Reichsbahndirektionen mit Personal aus. Es ist belegt, daß diese Männer auch heute noch gern an diese Fahrten auf den Steilstrecken des Harzes zurückdenken.

23

Der elektrische Zugebetrieb

Am 1. August 1966 endete das Zwischenspiel der Diesellokomotiven auf der Rübelandbahn. Die Eisenerzgrube Braunesumpf und die Kalktagebaue hatten die Sprengsicherheit erhöht, so daß das Spannungsfreischalten der Fahrleitungsanlagen während der Sprengzeiten entfallen konnte.
Mit einem außerplanmäßigen Fahrplanwechsel wurde im Güterverkehr der durchgängige, ununterbrochene Betrieb aufgenommen, der Reiseverkehr wurde nun ebenfalls elektrisch gefahren.
Die Lokomotive 171 (ex 251) vermag 300 t über die Rübelandbahn in den Harz zu schleppen. Die Geschwindigkeit beträgt dabei 30 km/h. Alle Güterzüge verkehren mit Zug- und Schiebelokomotive. Die Masse des Zuges beträgt 600 t, wenn es sich um einen Ladungszug handelt. Bergwärts verkehrende Leerwagenzüge werden nur mit 500 t gebildet, um die Laufsicherheit des geschobenen Zugteils zu gewährleisten.
Auch die Masse der talwärts fahrenden Züge ist beeindruckend. Für die Kalkzüge ab Rübeland beträgt die Masse nach Buchfahrplan 1 500 t mit der Sondermaßnahme, daß ein derartig schwerer Zug weder aus besonderem Anlaß, noch mangels Einfahrt in den Bahnhof Hüttenrode auf der freien Strecke zwischen Rübeland und Hüttenrode zum Halten gebracht werden darf. 1 500 t auf der Talfahrt nach Blankenburg in den Neigungen 60 ‰: ein Spitzenwert!
Die Art der Zugförderungstechnologie erfordert besondere Einrichtungen der Verständigung. Dafür wurde der drahtlose Sprechfunk eingeführt, der wesentlich zur Steigerung der Leistungsfähigkeit und Gewährleistung der Betriebssicherheit beiträgt. So können einmal die Lokführer der Zug- und Schiebelokomotiven ihre Handlungen absprechen und abstimmen. Ferner ist eine Sprechmöglichkeit zwischen den Lokomotiven und den einzelnen Bahnhöfen sowie den Fernsteuerteilnehmern gegeben, so daß die Fahrdienstleiter ihre betrieblichen Weisungen direkt über den UKW-Sprechfunk erteilen können. Rangierfunkeinrichtungen sorgen dafür, daß die Betriebssicherheit nie durch mangelnde Verständigung gefährdet wird.

719 Blankenburg (Harz)–Königshütte (Harz) und zurück

Alle Züge 2. Klasse (Elektr. Betrieb)

km	Rbd Magdeburg	Zug Nr	16430	16432		16482	16434	16484		16488		16436	16438	16440	16444	
			◇	◇		◇		◇				◇ †	◇	◇	◇	
0,0	**Blankenburg** (Harz) ✕ 717 ..	ab	4.35	7.13	...	9.49	12.32	13.33	...	15.28	...	■16.16	◪17.17	18.11	20.30	...
3,8	Blankenburg Westend		4.41	7.19	...	9.55	12.38	13.39	...	15.34	...	16.22	17.23	18.17	20.36	...
5.5	Michaelstein (u)................	an	4.44	7.22	...	9.58	12.41	13r42	...	15.37	...	16.25	17.26	18.20	20.39	...
		ab	4.53	7.30	...	10.07	12.50	13.51	...	15.46	...	16.34	17.35	18.30	20.49	...
8,1	Braunesumpf (408 m) (u)		4.59	7.36	...	10.13	12.56	13.57	...	15.52	...	16.40	17.41	18.36	20.55	...
9,8	Hüttenrode (477 m)............		5.02	7.39	...	10.16	12.59	14.01	...	15.56	...	16.44	17.45	18.40	20.59	...
13,0	Neuwerk (398 m) (u)............		5.07	7.44	...	10.21	13.04	14.06	...	16.00	...	16.49	17.50	18.44	21.03	...
14,5	Rübeland (385 m) ✕	an	5.10	7.47	...	10.24	13.07	14.09	...	16.03	...	16.52	17.53	18.47	21.07	...
		ab	5.11	7.48	...	10.25	13.08	14.21	...	16.04	...	16.53	17.54	18.48	21.10	...
16,2	Mühlental (423 m) (u)		5.15	7.52	...	10.29	13.12	14.25	...	16.08	...	16.56	17.58	18.52	21.15	...
18,5	Elbingerode (Harz).............		5.20	7.57	...	10.35	13.17	14.29	...	16.13	...	17.01	18.03	18.59	21.23	...
21,0	Hornberg (Harz) (491 m) (u)		5.27	8.04	...	10.42	13.24	an	...	16.20	...	17.08	18.10	19.06	21.30	...
23.5	**Königshütte** (Harz) (433 m)....	an	5.40	8.18	...	10.56	13.38	...	...	16.34	...	■17.22	◪18.24	19.20	21.43	...

km	Rbd Magdeburg	Zug Nr	16481	16431	16433		16483	16435	16487	16489	16489	16441	16443	16445
				◇	◇		◇		◇			◇ †	◇	◇
0,0	**Königshütte** (Harz) (433 m) ..	ab	...	5.50	8.28	...	11.06	13.48	...	◪17.18	...	18.37	19.50	21.52
2,5	Hornberg (Harz) (491 m) (u)		...	6.03	8.42	...	11.20	14.02	...	17.32	...	18.52	20.05	22.07
5,0	Elbingerode (Harz).............		5.00	6.12	8.50	...	11.28	14.10	15.13	◪17.39	17.41	19.01	20.12	22.14
7,3	Mühlental (423 m) (u) ......m..		5.05	6.17	8.55	...	11.33	14.15	15.18	an	17.46	19.06	20.17	22.19
9,0	Rübeland (385 m) ✕	an	5.08	6.20	8.58	...	11.36	14.18	15.21	...	17.49	19.09	20.21	22.22
		ab	5.18	6.24	8.59	...	11.37	14.19	15.22	...	17.54	19.10	20.21	22.23
10,5	Neuwerk (398 m) (u)		5.22	6.28	9.03	...	11.41	14.23	15.26	...	17.58	19.14	20.26	22.27
13,7	Hüttenrode (477 m)............		5.30	6.36	9.11	...	11.49	14.31	15.34	...	18.06	19.22	20.33	22.35
15,4	Braunesumpf (408 m) (u)		5.35	6.41	9.16	...	11.54	14.36	15.39	...	18.11	19.27	20.38	22.40
18,0	Michaelstein (u)................	an	5.41	6.47	9.22	...	12.00	14.42	15.45	...	18.17	19.33	20.44	22.46
		ab	5.50	6.55	9.30	...	12.08	14.50	15.54	...	18.27	19.42	20.53	22.55
19,7	Blankenburg Westend		5.54	6.59	9.34	...	12.12	14.55	15.59	...	18.32	19.47	20.58	23.00
23,5	**Blankenburg** (Harz) ✕ 717 ..	an	6.00	7.04	9.40	...	12 17	15.01	16.05	...	18.38	19.53	21.04	23.06

† nicht am 24., 31. XII.

Winterfahrplan 1980/81

Sicher liegt die Versuchung nahe, zum Abschluß der neuesten technischen Entwicklung noch einmal einen Vergleich mit den Anfängen zur Zahnradzeit zu ziehen. Doch Vergleiche hinken, und daß eine Ellok leistungsfähiger ist als eine C-gekuppelte Zahnradlokomotive, muß nicht erst an den Fahrzeiten für einen Güterzug belegt werden, der 1885 von Blankenburg bis Rübeland mit 125 t am Zughaken 83 min benötigte und der 1981 mit 600 t mit 24 min auskam.

Vor Königshütte; 1980

Kalk-Kübelzug bei der Einfahrt in Rübeland; 1980. Foto: Schütte

Bahnhof Michaelstein; 1980.

Wichtiger scheint angesichts der allgemeinen Verbrämungen der Dampflokzeit die Erinnerung zu sein, daß der Dienst auf den Dampflokomotiven im Harz nie leicht war. Er wurde umso schwerer, je stärker und schneller die Lokomotiven wurden, und leicht war auch nicht der Dienst an den mechanischen Hebelbänken der Stellwerke.

Schwer war der Dienst für den Lokomotivführer auf der Harzbahn insbesondere deshalb, da er ununterbrochen konzentriert fahren oder bremsen mußte.

Die Belastungen sind durch den elektrischen Betrieb physisch und psychisch geringer geworden, wenngleich die Zahl der Handgriffe nicht abgenommen hat. Der Harz war klimatisch nie zart besaitet. Schnee, Eis, Sturm schaffen oft rauhe Verhältnisse. In der Geborgenheit des Ellokführerstandes schrecken diese Naturbedingungen nicht mehr. Sicherheit im Eisenbahnbetrieb ist gleichbedeutend mit Leistungsfähigkeit. Dazu haben die Arbeitsbedingungen auf den zuverlässigen Lokomotiven der nunmehr als Baureihe 171 bezeichneten Maschinen wesentlich beigetragen.

24

Die Halberstadt-Blankenburger Eisenbahngesellschaft

Die Harzbahn von Blankenburg nach Tanne, die bedeutendste Eisenbahnstrecke der Gesellschaft, war zeit ihres Bestehens auf technischem Höchststand. Das Unternehmen stand Neuem stets aufgeschlossen gegenüber.

Das Unternehmen hatte sich finanziell stabil entwickelt. Im Jahr 1940 betrug das Anlagevermögen 17,178 Mio. RM zuzüglich eines Umlaufvermögens von 5,291 Mio. RM. Das Aktienkapital betrug 12,6 Mio. RM, und bei Verbindlichkeiten von 600 000 RM wurde ein Reingewinn von 671 720 RM erzielt. Als Großaktionär zeichnete die Allgemeine Lokalbahn und Kraftwerke AG. Berlin mit ca. 50 %.

Die gute finanzielle Entwicklung war das Ergebnis der Einführung des reinen Reibungsbetriebes auf der Harzbahn, aber auch anderer organisatorischer und finanzieller Vorhaben.

Die Blankenburger Eisenbahnbedarfs- und Maschinenfabrik GmbH Bema mit einem Kapital von 5 000 RM wurde am 20. 6. 1921 gegründet. Bereits ein Jahr später wurde das Kapital auf 500 000 RM erhöht. Zweck der Gründung: „Bau und Wiederherstellung von Eisenbahn-Bedarfsgegenständen und Maschinen aller Art, sowie Beteiligung an Unternehmungen, die diesem Zweck förderlich sind."

Es begann eine generelle Umstrukturierung des Betriebes. Die Bema pachtete die Werkstätten und das Kraftwerk der H.B.E. und modernisierte Anlagen und Maschinen. Ebenfalls gepachtet und modernisiert wurde das Sägewerk in Rübeland.

Im neuen Unternehmen wurden acht Betriebsabteilungen gebildet:

- Lokomotivhallen I und II,
- Waggonbau mit Tischlerei und Malerei,
- Schmiede mit Dampf- und elektrischem Hammer,
- Zerspanung mit modernsten Maschinen,
- elektrische Kraftanlage,
- Sägewerk in Rübeland,
- am 15. Juli 1924 wurde das Blankenburger Sägewerk angekauft. Hier wurden hauptsächlich Harthölzer verarbeitet.
- Die Lehrlingswerkstatt, die Zeit ihres Bestehens den qualifizierten Nachwuchs heranbildete.

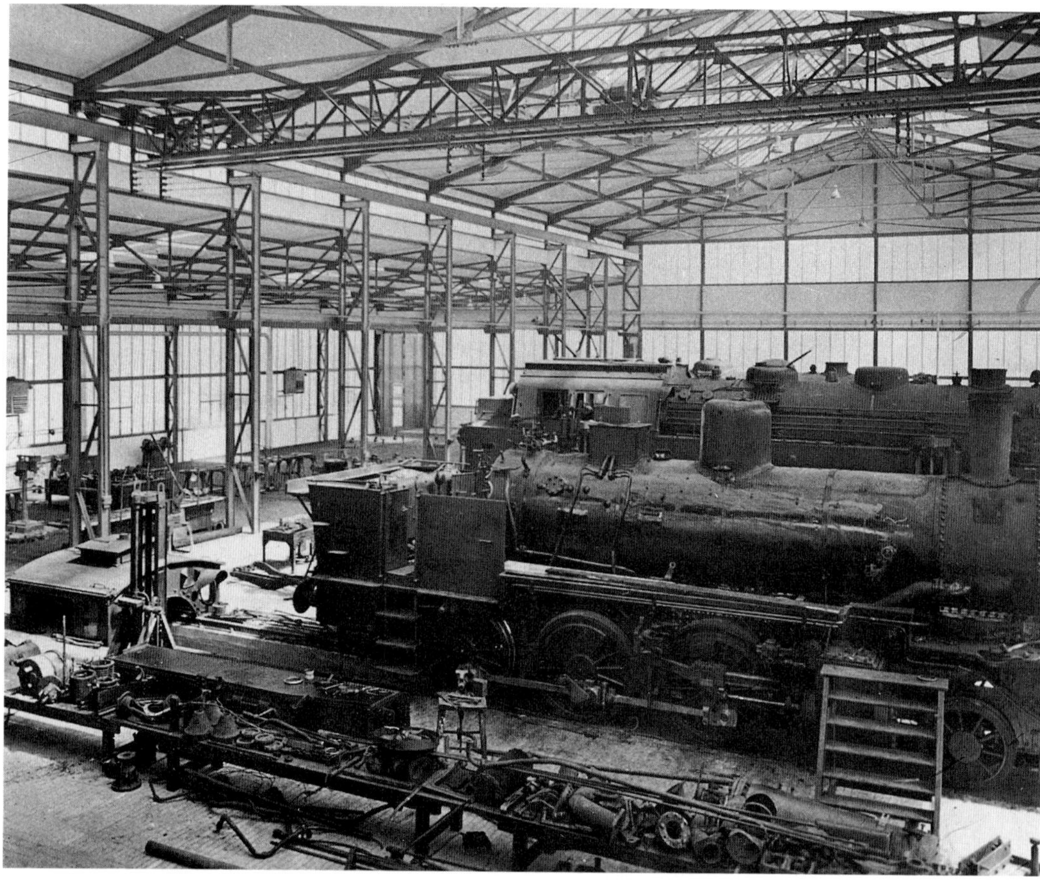

Lokomotivhalle II der „Bema" um 1930.

Kraftomnibus der Tochtergesellschaft Harz Kraftfahrzeuglinien der Ost-Harzbahnen GmbH um 1925.

Die Halberstadt-Blankenburger Eisenbahngesellschaft war alleiniger Gesellschafter der Bema GmbH. Das Ergebnis der neuen Organisationsform war eine strikte Trennung zwischen dem Bahnbetrieb und den Betriebsstätten der Instandhaltung, eine bemerkenswerte Analogie zur Organisation der heutigen Deutschen Bahn AG.
Es kamen weitere Beteiligungen zustande: Geringfügig waren die HBE an der „Gemeinnützigen Bau- und Siedlungsgesellschaft Blankenburg" und der Beka Bahneinkaufsgesellschaft mbH Hannover beteiligt.
Am 5. Dezember 1924 wurde mit einem Kapital von 50 000 RM die „Harz" Kraftfahrzeuglinien der Ostharzbahnen GmbH Blankenburg (Harz) gegründet (Beteiligung 100 %). Zwischen den Orten des Harzgebietes wurde ein Personen- und Güterverkehr betrieben. Und als letzte bedeutende Änderung der Beteiligungsverhältnisse wurde 1939 das Sägewerk Rübeland aus dem Verband der Bema herausgelöst und als Sägewerk GmbH Rübeland mit 75 % H.B.E.-Beteiligung verselbständigt. Das Kapital betrug 400 000 RM. Interessant sind noch heute die Anlagen der Energieerzeugung durch Wasserkraft mit einer Leistung von 100 kW.

Die H.B.E. und die Deutsche Reichsbahn

Der Präsident von Sachsen-Anhalt teilte am 1. September 1946 der Halberstadt-Blankenburger Eisenbahngesellschaft die Enteignung ihres Betriebes mit allen in Sachsen-Anhalt gelegenen Betriebsteilen mit. Der Minister für Wirtschaft und Verkehr von Sachsen-Anhalt verfügte unter dem 15. Dezember 1946 die Verwaltung und Betriebsführung durch die „Sächsische Provinzbahnen GmbH". Diese provisorische Eisenbahn-Dachgesellschaft war zur Verwaltung und Beaufsichtigung aller Provinzbahnen und schienengeführten Nahverkehrsmittel gegründet worden. Dieses Übergangsstadium währte einige Jahre. Die Verordnung der Deutschen Wirtschaftskommission besagte dann die Verwaltung und Nutznießung der aufgeführten Eisenbahnen des öffentlichen Verkehrs mit Wirkung vom 1. April 1949 durch die Generaldirektion Reichsbahn. Dieser Vorgang zog sich einige Zeit hin, so daß der 1. Januar als Tag der Übernahme dieser Bahnen durch die DR fixiert ist.

Von der Bema zum Forschungs- und Entwicklungswerk

Die Struktur der H.B.E. war für die Überleitung der Betriebe in die Deutsche Reichsbahn bestens geeignet. Die Anlagen der Bema wurden zu einem Reichsbahnausbesserungswerk umgebildet, der Bahnbetrieb ergab die Dienststellen des Bereiches Eisenbahntransport der Deutschen Reichsbahn.
Das Reichsbahnausbesserungswerk Blankenburg/Harz diente der Instandhaltung von Lokomotiven und Güterwagen, in der Regel waren es Tenderlokomotiven der BR 89 und 98 und ähnliche aus dem Bestand der ehemaligen Privatbahnen. Als sich jedoch in den fünfziger Jahren herausstellte, daß die Wirtschaftsführung der DDR nicht vorsah, die Deutsche Reichsbahn mit eisenbahntypischen Maschinen und Anlagen zu versorgen und Importe nicht in Frage kamen, mußte die Eisenbahn zur Selbsthilfe greifen. Am 1. August 1957 wurde auf Weisung des Ministers für Verkehrswesen das Raw Blankenburg zum Reichsbahnentwicklungswerk (REW) umfunktioniert.
Das Werk erhielt die Aufgabe, eisenbahntypische Anlagen und Geräte nach neuestem technischem Stand zu entwickeln, zu bauen und zu installieren.
Die Fahrzeuginstandhaltung wurde eingestellt, und im Laufe der Zeit bildeten sich sechs Aufgabenbereiche heraus:

- Gleisbaumaschinen mit dem komplexen Mehrzweckprogramm, der Langschienentransporteinheit, dem mechanischen Schüttgutwagen und der Gleisstopf- und Richtmaschine,
- Gleisbremsen aller Bedarfsrichtungen,
- Mechanismen für Streckenelektrifizierung,
- Außenreinigungsanlagen für Schienentriebfahrzeuge,

- Produktionsanlagen für Betriebe der Deutschen Reichsbahn,
- automatische Steuerungen für die Anlagen und Maschinen der eigenen Produktion.

In den folgenden Jahren wurde der Status des Reichsbahnausbesserungswerkes mehrfach geändert:

- Am 1. Januar 1960 entstand aus dem REW das Forschungs- und Entwicklungswerk des Verkehrswesens (FEV).
- Am 3. März 1962 erhielt das Werk den Status eines wissenschaftlichen Industriebetriebes (Wib-FEV).
- Am 1. Mai 1967 wurde der Betrieb erneut der Deutschen Reichsbahn zugeordnet.

Die letzte Bezeichnung lautete: Deutsche Reichsbahn Forschungs- und Entwicklungswerk (DR-FEW).

Die Halberstadt-Blankenburger Eisenbahngesellschaft und die Rübelandbahn

Anfang 1949 verlegte die H.B.E. ihren Sitz von Blankenburg nach Braunschweig und firmierte unter der Bezeichnung Halberstadt-Blankenburger Eisenbahn-Gesellschaft (West), Braunschweig. Die Gesellschaft löste sich also von der Halberstadt-Blankenburger Eisenbahn und führte fortan ein Eigenleben. Die Sitzverlegung wurde auch vorgenommen, da sich im damaligen Gebiet der Bundesrepublik noch bestimmte Vermögenswerte befanden, wie Wertpapiere, Bankguthaben sowie Personen- und Güterwagen, die nicht enteignet werden konnten. Diese Vermögenswerte wurden im Rahmen der Umstellung auf die DM-Eröffnungsbilanz neu geordnet. Die Gesellschaft hatte jedoch jegliche wirtschaftliche Tätigkeit aufgegeben, ihr Vermögen bestand nur noch aus flüssigen Mitteln. Im Rahmen eines Angebotes übernahm die Allgemeine Lokalbahn und Kraftwerke AG (ALOKA) dieses Vermögen. Rechtsnachfolgerin der ALOKA wurde die Aktiengesellschaft für Industrie und Verkehr (AGIV) mit Sitz in Frankfurt am Main. Sie besitzt die Beteiligung noch immer, die praktisch jedoch nur noch die Bedeutung eines Firmenmantels hat. Streng juristisch kann jedoch geschlußfolgert werden, die Halberstadt-Blankenburger Eisenbahn-Gesellschaft (H.B.E.) besteht noch immer.

Die Rübelandbahn heute

Die Zeit der großen Kalktransporte ist vorbei. In den Chemischen Werken Buna sind die Öfen erloschen. Kalziumkarbid als Ausgangsprodukt für die Plastchemie wird nicht mehr benötigt, Erdöl ist jetzt die Basis. Der zweite Großabnehmer, Agrochemie Piesteritz, produziert weitaus weniger Kalkstickstoff. Doch ohne Kalk geht es auch nicht. In der Metallurgie ist roher Kalkstein für die Möllerung der Einsatzstoffe nötig, in der Zuckerindustrie gibt es keinen weißen Zucker ohne Kalk, und der Bedarf der Bauindustrie ist immens. Die Betriebe um Rübeland und Elbingerode firmieren inzwischen als Harzkalk-GmbH, eine Tochter der Felswerke mit Sitz in Goslar. Im Kalten Tal bei Rübeland sind sechs neue erdgasbeheizte Kalköfen in Betrieb gegangen. Die Tendenz der Herstellung von Produkten aus dem Grundstoff Kalkstein ist steigend, ebenso ihr Transport über die Gleise der Rübelandbahn.

Die Reisezüge von Blankenburg über Rübeland nach Königshütte sind schwach besetzt. Und die Blechlawine rollt, aber im schönen Bodetal um Rübeland ist kein Platz für eine Harz-Autobahn.

Die Stimmen, die den Wiederaufbau des Gleises von der ehemaligen Abzweigung Wechsel nach Drei Annen Hohne fordern, mehren sich, vor allem die Kommunen und die Naturschützer sind dafür. Damit hätten die Bewohner und Urlauber im Raum um Blankenburg und an der Rübelandbahn eine durchgehende Eisenbahnverbindung von Blankenburg–Elbingerode–Drei Annen Hohne über Schierke auf den Brocken. Wie immer die Regionalisierung des öffentlichen Personennahverkehrs ausgehen wird, für die Rübelandbahn ist die Entscheidung schon gefallen. Der Oberbau ist in Ordnung, alle Brücken haben einen neuen Farbglanz, die Stützmauern wurden

Die neuen Kalköfen im Kalten Tal bei Rübeland, November 1993.

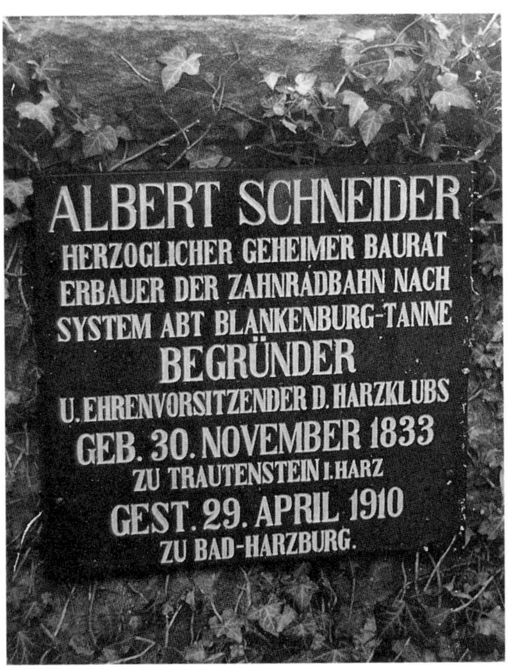

saniert, die niveaugleichen Bahnübergänge sind erneuert. Zu beiden Seiten der Gleise entstehen touristische Anziehungspunkte, eine Fahrt mit der Rübelandbahn über die Steilrampen des Harzes ist ein Erlebnis.Nach wie vor sind es die elektrischen Lokomotiven der Baureihe 171, die alle Züge befördern.

Wer jedoch dem Erbauer dieser technisch interessanten und landschaftlich schön gelegenen Eisenbahn seine Reverenz erweisen möchte, der besuche den Friedhof von Bad Harzburg, an der Friedhofsmauer findet er eine Gedenktafel.

Die Gedenktafel an der Friedhofsmauer von Bad Harzburg.

25

Die Lokomotiven und Betriebsstellen der H. B. E.

Die Lokomotiven der H. B. E.

Der Lokomotivpark der H. B. E. zeigte in den mehr als 75 Jahren des Bestehens der Gesellschaft eine bunte Vielfalt von Lokomotivtypen. Es waren mit wenigen Ausnahmen Tenderlokomotiven, die sich auf den verhältnismäßig kurzen Streckenabschnitten am besten eigneten.
Nur für die Stammbahn von Blankenburg nach Halberstadt, die 1873 als Hauptbahn in Betrieb ging, wurden zwei Stütztenderlokomotiven, die ZIEGENKOPF und die LANGENSTEIN, in Dienst gestellt. Es folgten die Schlepptenderlokomotiven REGENSTEIN, DERENBURG und BÖRNECKE in den achtziger Jahren.
Entsprechend der Entwicklung der Eisenbahnbetriebsführung lassen sich die Lokomotiven der H. B. E. in drei große Gruppen einordnen:
- die Flachbahnlokomotiven für den Einsatz im Harzvorland,
- die Lokomotiven des kombinierten Adhäsions- und Zahnradbetriebes,
- die Reibungs-Berglokomotiven der Steilstrecke.

In dieser Reihenfolge sind die Lokomotiven im folgenden mit ihren früheren Namen angegeben. In diversen Fällen wurden die Namen später geändert. Auch die Nummerung der Lokomotiven der H. B. E. erfolgte nach keinem festen Schlüssel.

H. B. E. DERENBURG.

H. B. E. BOERNECKE.
Sammlung Schmidt

H. B. E. Nr. 22.
Sammlung Schmidt

H. B. E. Nr. 48.

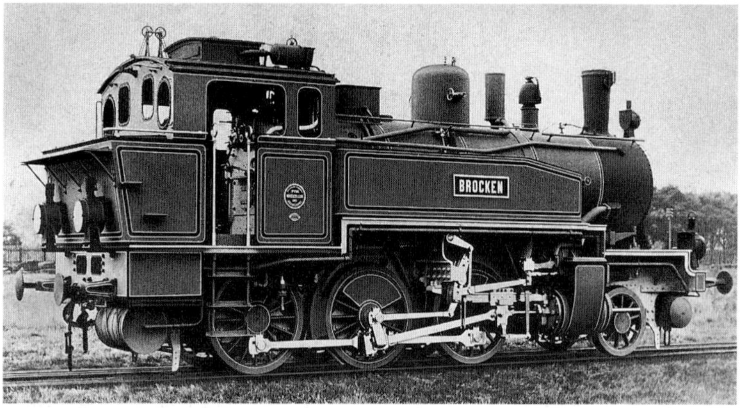

H. B. E. BROCKEN.

H. B. E. Nr. 31.

H. B. E. Nr. 53.

H. B. E. ALBERT SCHNEIDER.

H. B. E. Nr. 69.
Sammlung Schmidt

H. B. E. Nr. 70.

Die Flachbahnlokomotiven der H. B. E.

H. B. E. Nr.	Name	Bauart	Hersteller	Baujahr	Fabriknummer	Bemerkungen
–	ZIEGENKOPF	Bn2	Hano	1872	794	Stütztender
–	LANGENSTEIN	Bn2	Hano	1872	793	Stütztender
–	BLANKENBURG	Bn2	KrMa	1873	310	Schlepptender
–	REGENSTEIN	Cn2	Bors	1878	3665	Schlepptender
–	DERENBURG	Cn2	Bors	1881	3765	Schlepptender
21	RÜBELAND	Cn2	Essl	1886	2188	T 3, an Hüttenwerke Thale
–	BOERNECKE	Cn2	Essl	1888	2312	G 3
32	–	Cn2	Graf	1892		T 7
22	ELBINGERODE	Cn2	Essl	1893	2641	T 3
48		C1'n2	Union	1896	865	ex CASSEL 7209, T 9[1]
46		C1'n2	He	1899	5228	ex CASSEL 7291, T 9[1]
47		C1'n2	He	1899	5230	ex CASSEL 7293, T 9[1]
41	BROCKEN	1'Cn2	Hohz	1904	1797	T 9[3], verkauft an Werne-Bönen
23	DREI ANNEN HOHNE	Cn2	Essl	1906	3381	T 3, später 89 6013
–	HALBERSTADT	Cn2	Hohz	1906		
45		1'Cn2	Union	1906	1450	T 9[3], später 91 6501
31	QUEDLINBURG	Cn2	Hohz	1907	2104	T 7, später 89 6402
32	THALE	Cn2	Hohz	1907	2105	T 7
42	PRÄSIDENT BALTZ	1'Cn2	Hohz	1907	2106	T 9[3], später 91 6576
24	TANNE	Cn2	Essl	1908	3479	T 3
44		1'Cn2	Hohz	1909	2441	T 9[3] später 91 6577
51	HERMANN WOLF	1'Ch2	Bors	1911	7864	T 12, später 91 6776, dann 74 6776
52	BERNHARD CASPAR	1'Ch2	Bors	1911	7865	T 12, später 91 6777, dann 74 6777
53	STAATSMANN HARTWIG	1'Ch2	Bors	1912	8164	T 12, später 91 6778, dann 74 6778
54	PRÄSIDENT SOMMER	1'Ch2	Bors	1913	8705	T 12, später 91 6779, dann 74 6779
15		Dn2	Union	1912	1984	später 92 6501
16		Eh2	Schk	1915	5726	T 16[1], später 94 689, dann 94 6776

Die Lokomotiven Nr. 22, 23, 31 und 42 wurden in den Werkstätten der H. B. E. mit der Gegendruckbremse ausgerüstet. Sie waren dann im leichten Personenzugdienst auf der Harzbahn und im Rangierdienst auf Bahnhof Rübeland eingesetzt.

Die in den Tabellen verwendeten Abkürzungen für die Herstellerfirmen bedeuten:

Essl	Maschinenfabrik Esslingen, Esslingen (Neckar)
Hano	Hannoversche Maschinenbau-Actiengesellschaft vorm. G. Egestorff, Hannover-Linden
KrMa	Krauss-Maffei AG, München Allach
Bors	A. Borsig GmbH, Berlin Tegel
Graf	Elsässische Maschinenbau-Gesellschaft Grafenstaden
Union	Union-Gießerei, Lokomotivfabrik und Maschinen-Bau-Anstalt Königsberg
He	Thyssen-Henschel, Kassel
Hohz	Hohenzollern AG für Lokomotivbau, Düsseldorf-Grafenberg
Schk	Berliner Maschinenbau-Actien-Gesellschaft vorm. L. Schwartzkopff Berlin und Wildau bei Berlin
Uerdingen	Waggonfabrik Uerdingen
Dessau	Dessauer Waggon-Fabrik AG
MAN	Maschinenfabrik Augsburg-Nürnberg AG
Wismar	Waggonfabrik Wismar

Die kombinierten Adhäsions- und Zahnradlokomotiven der H. B. E.

H. B. E. Nr.	Name	Bauart	Hersteller	Baujahr	Fabriknummer	Bemerkungen
62	RÜBELAND	C1'/bn4	Essl	1885	2084	T 26; ab 1886: PRINZ ALBRECHT
63	ELBINGERODE	C1'/bn4	Essl	1885	2085	T 26; ab 1894: ALBERT SCHNEIDER
–	ROTHEHÜTTE	C1'/bn4	Essl	1885	2086	T 26; ab 1894: ROMAN ABT
–	TANNE	C1'/bn4	Essl	1885	2087	T 26; ab 1894: KYBITZ
65	BROCKEN	C1'/bn4	Essl	1887	2204	T 26; ab 1894: VON CRAMM-BURGDORF; verkauft an Hafenbahn Hamm
–	BROCKEN	C1'/bn4	Essl	1894	2667	T 26; später: VON OTTO
67	TANNE	C1'/bn4	Essl	1898	2987	T 26; später: CARL MÄRTENS
–	TANNE	C1'/bn4	Essl	1904	3321	T 26; später: A. BENSEN
68	ROTHEHÜTTE	C1'/bn4	Essl	1906	3352	T 26; später: HERZOG JOHANN ALBRECHT, verkauft an Hafenbahn Hamm
69	VON BUDDE	C1'/bn4	Essl	1907	3418	T 26
70	VON GOLTZ	C1'/bn4	Essl	1907	3419	T 26, später: Umbau in C1'n2
71		D/bh4	Essl	1914	3732	

Aus einem Erinnerungsbeitrag der Magdeburgischen Zeitung vom 15. März 1944: „Geht's bergauf etwas klamm / kommt CRAMM / Geht's dennoch nicht weiter / hilft SCHNEIDER / wenn's gar nicht klappt / macht's ABT."

95 6676, ex H. B. E. MAMMUT.

HBE

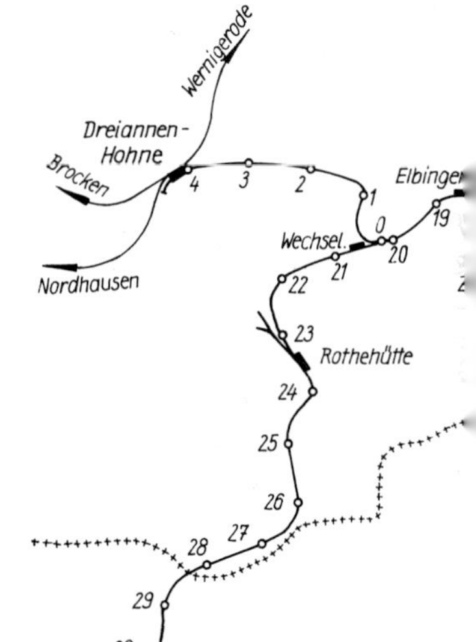
Wernigerode
Dreiannen-
Hohne
Brocken
Nordhausen
4
3
2
1
Elbinger
0
19
20
Wechsel.
21
22
23
Rothehütte
24
25
26
27
28
29
30
Braunlage
Tanne

95 6679, ex H. B. E. ELCH, Zustand 1953. Der Kessel dieser Lok zerknallte 1951 im Reichsbahnausbesserungswerk Meiningen. Die Lok wurde verschrottet.
Sammlung Schmidt

H. B. E. Nr. 6
Sammlung Schmidt

H. B. E. Nr. 18
Sammlung Schmidt

Die Betriebsstellen der H. B. E.

Die im folgenden wiedergegebenen Lagepläne der H. B. E.-Betriebsstellen sind aus Platzgründen nicht maßstabgerecht, schildern aber dennoch die Anordnung der Gleisanlagen eindeutig.

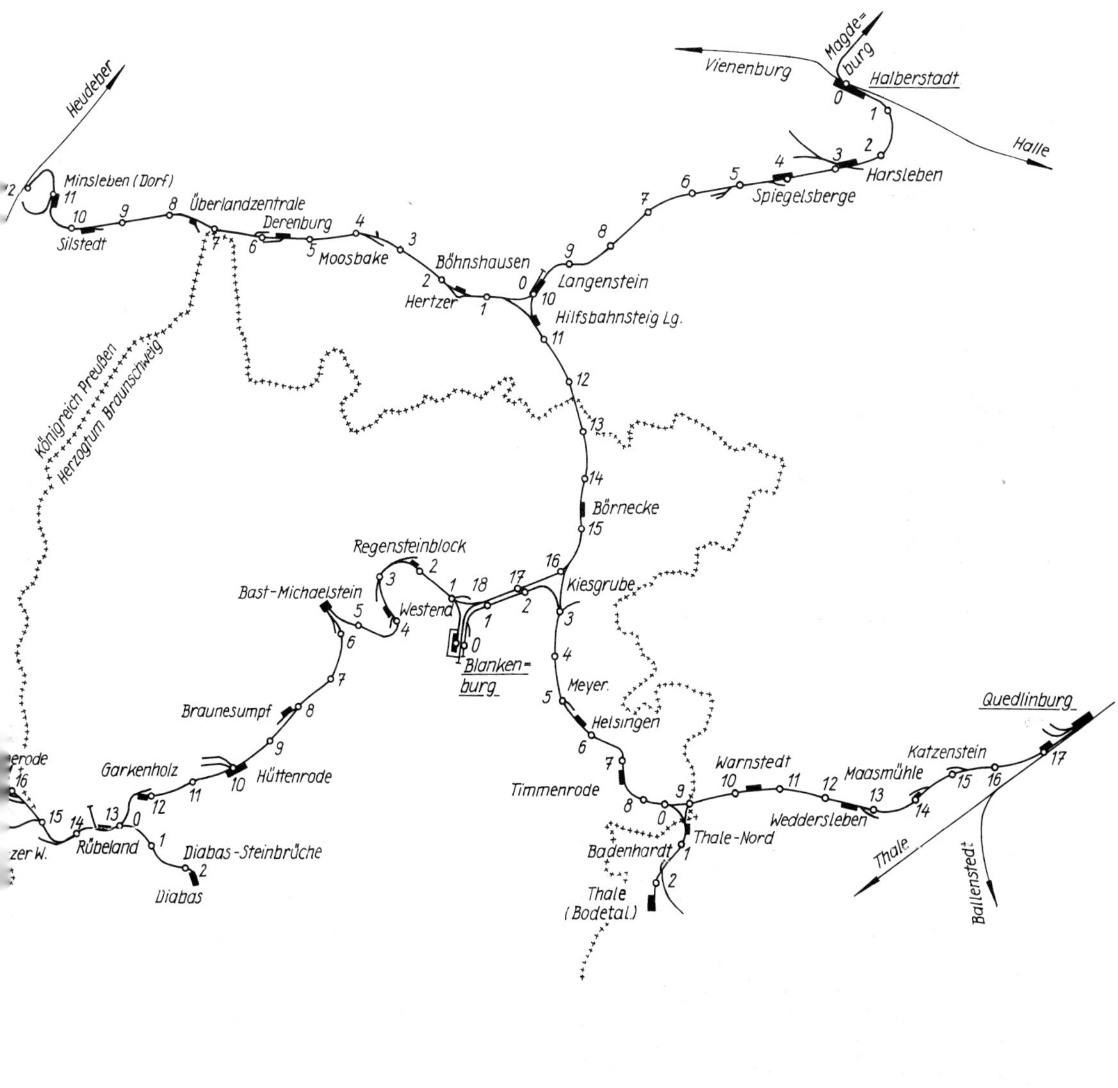

Der Streckenplan der H. B. E., Stand 1915.
Archiv Rbd Magdeburg

Die Reibungs-Berglokomotiven der H. B. E.

H.B.E. Nr.	Name	Bauart	Hersteller	Baujahr	Fabriknummer	Bemerkungen
	MAMMUT	1'E1'h2	Bors	1919	10353	später 95 6676
	WISENT	1'E1'h2	Bors	1920	10354	später 95 6677
	BÜFFEL	1'E1'h2	Bors	1920	10909	später 95 6778
	ELCH	1'E1'h2	Bors	1920	10910	später 95 6779
10		1'D1'h2	Hano	1927	10566	später 93 6776
11		1'D1'h2	Hano	1927	10567	später 93 6777
12		1'D1'h2	Hano	1927	10568	später 93 6778
1		1'C1'h2	Hano	1929	10640	später 75 6676
2		1'C1'h2	Hano	1929	10641	später 75 6677
3		1'C1'h2	Hano	1929	10642	später 75 6678
18		Dh2	Bors	1937	14680	später 92 6879
19		Dh2	Bors	1937	14681	später 92 6880
6		1'C1'h2	Bors	1942	14980	später 75 6776
7		1'C1'h2	Bors	1942	14981	später 75 6777

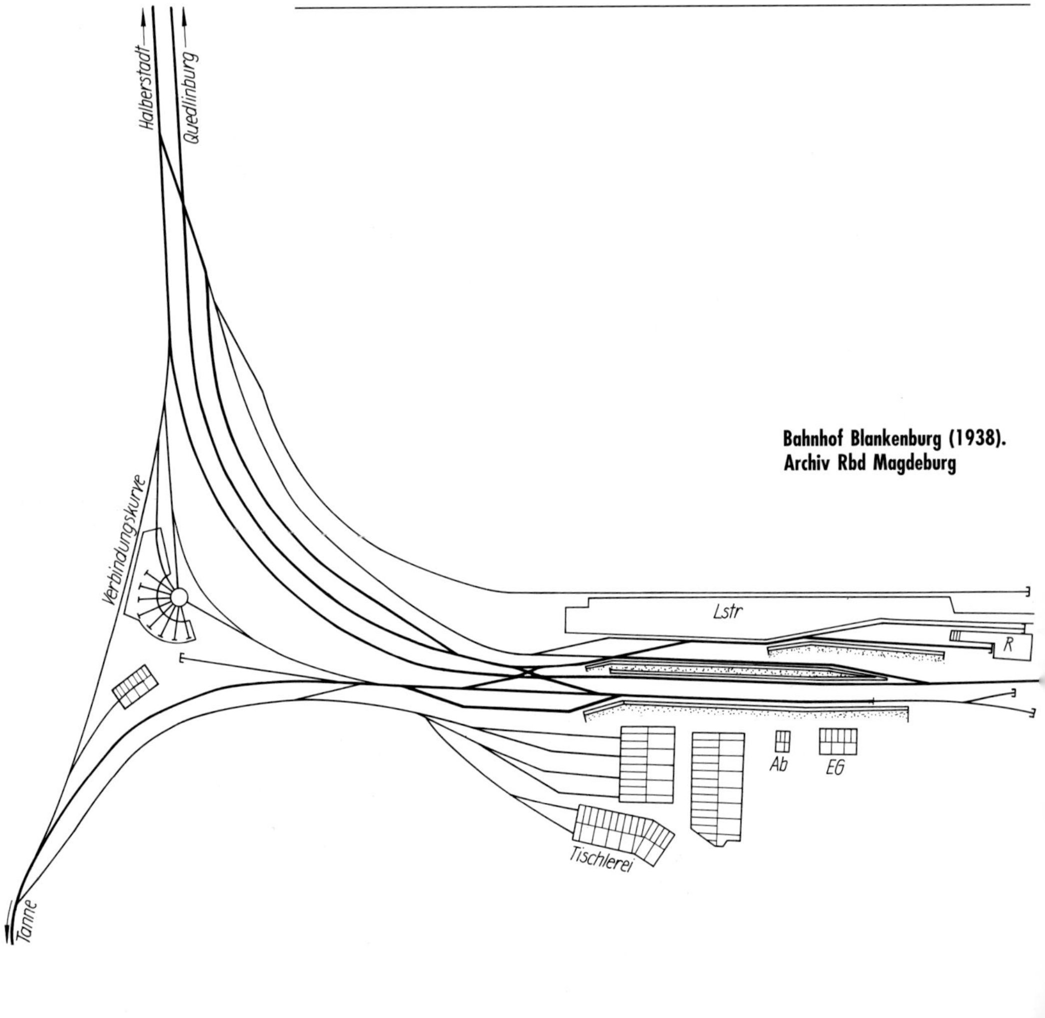

Bahnhof Blankenburg (1938). Archiv Rbd Magdeburg

Die Triebwagen der H. B. E.

H. B. E. Nr.	Achs-zahl	Her-steller	Bau-jahr	Bemerkungen
T 1	2	Uerdingen	1929	Vergaser-mechanisch, nach Brand dieselmechanisch; später VT 133 504
T 2	2	Dessau	1934	dieselmechanisch; später VT 135 514
T 3	4	MAN	1938	dieselhydraulisch; später VT 137 571
T 4	2	Wismar	1940	dieselmechanisch; später VT 135 543

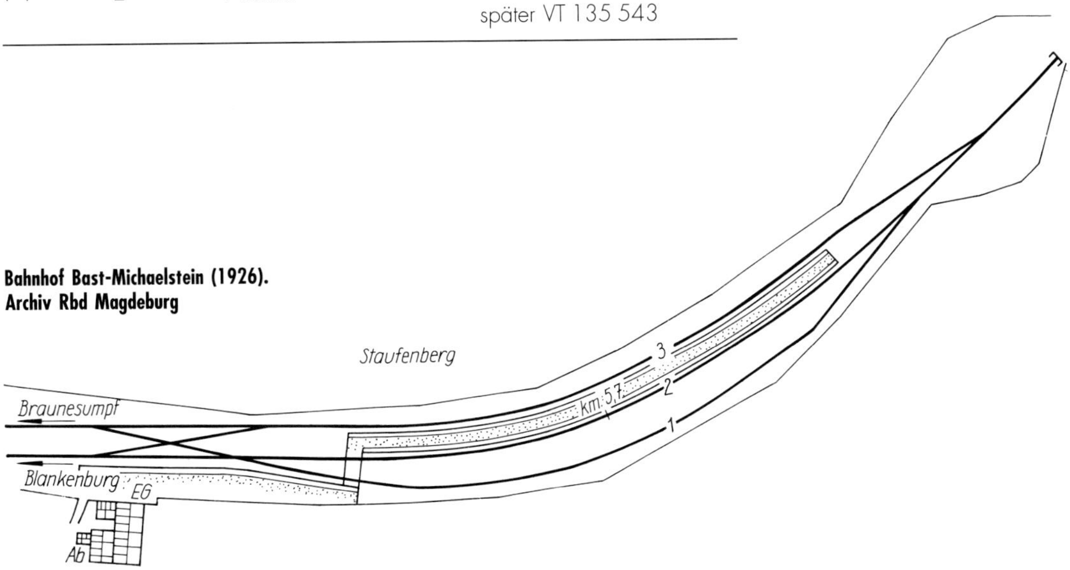

Bahnhof Bast-Michaelstein (1926). Archiv Rbd Magdeburg

Bahnhof Braunesumpf (1945). Archiv Rbd Magdeburg

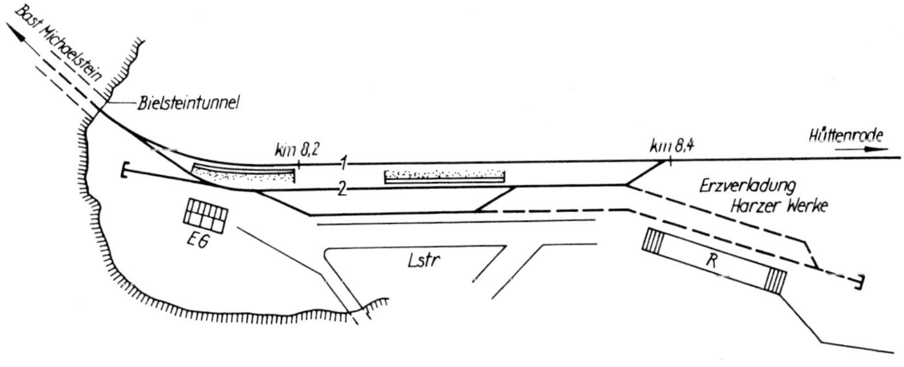

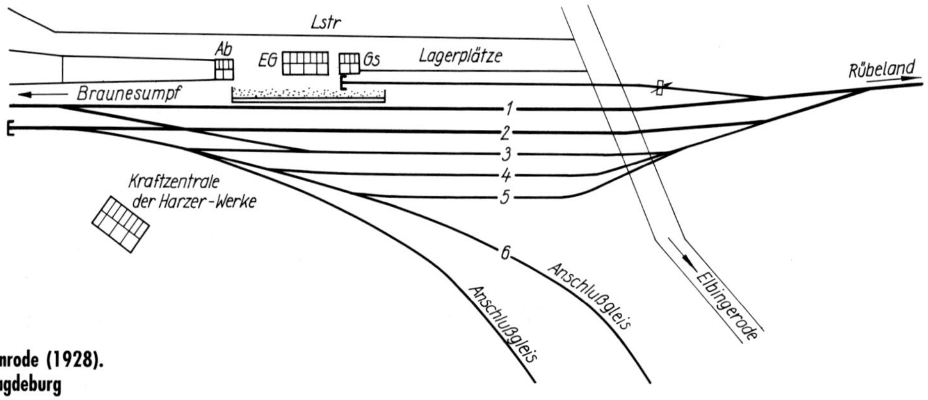

Bahnhof Hüttenrode (1928).
Archiv Rbd Magdeburg

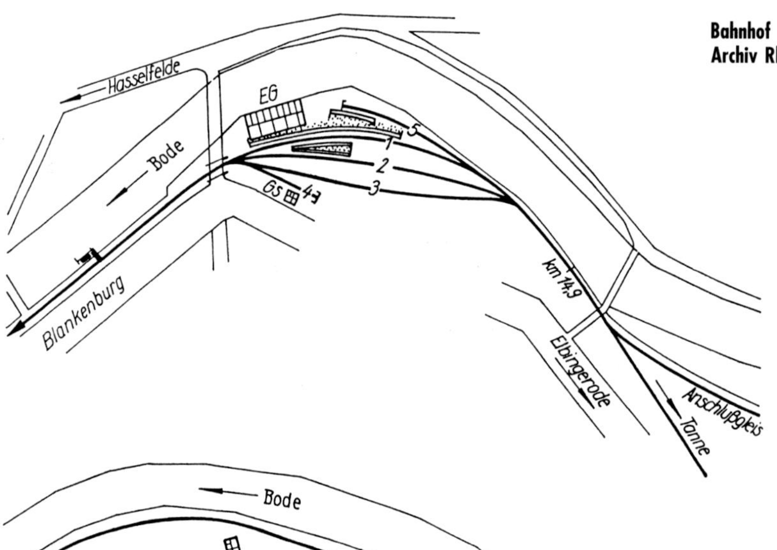

Bahnhof Rübeland Tropfsteinhöhlen (1950).
Archiv Rbd Magdeburg

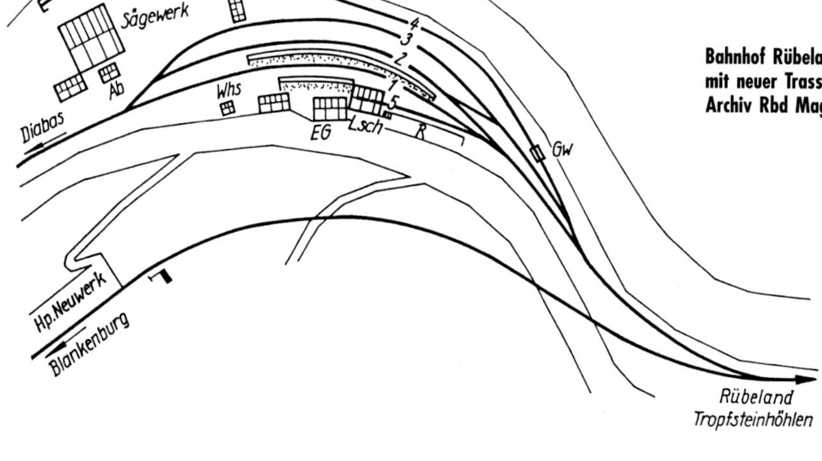

Bahnhof Rübeland Güterbahnhof (alter Bf) mit neuer Trasse nach Hüttenrode (1950).
Archiv Rbd Magdeburg

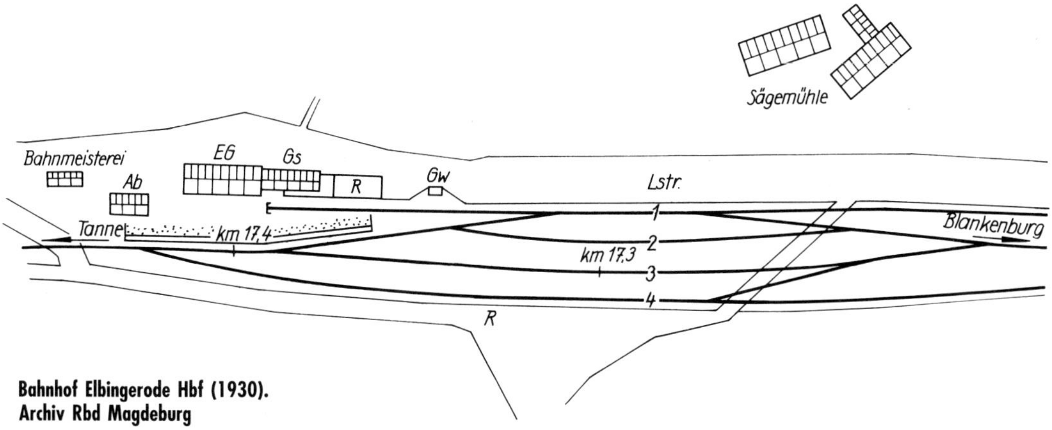

Bahnhof Elbingerode Hbf (1930).
Archiv Rbd Magdeburg

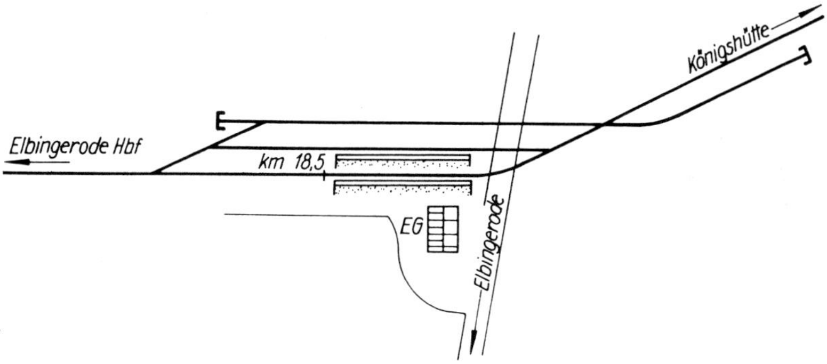

Bahnhof Elbingerode West (1945).
Archiv Rbd Magdeburg

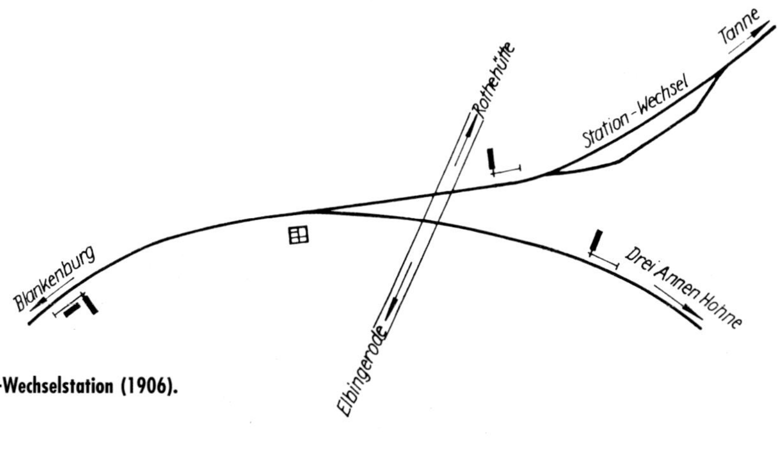

Abzweigung Wechsel mit der Lok-Wechselstation (1906).
Archiv Rbd Magdeburg

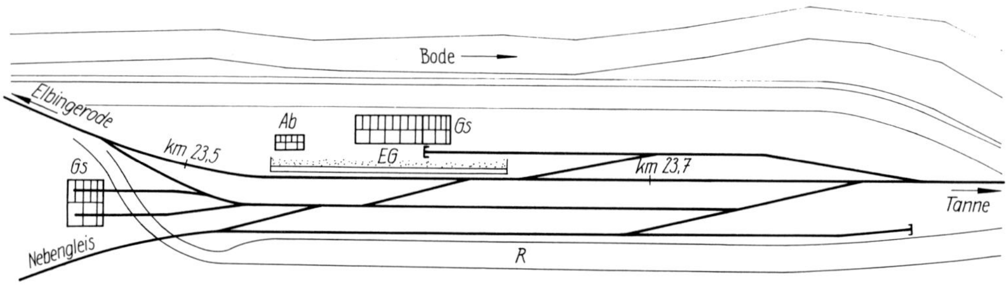

**Bahnhof Rothehütte/Königshof (1930).
Archiv Rbd Magdeburg**

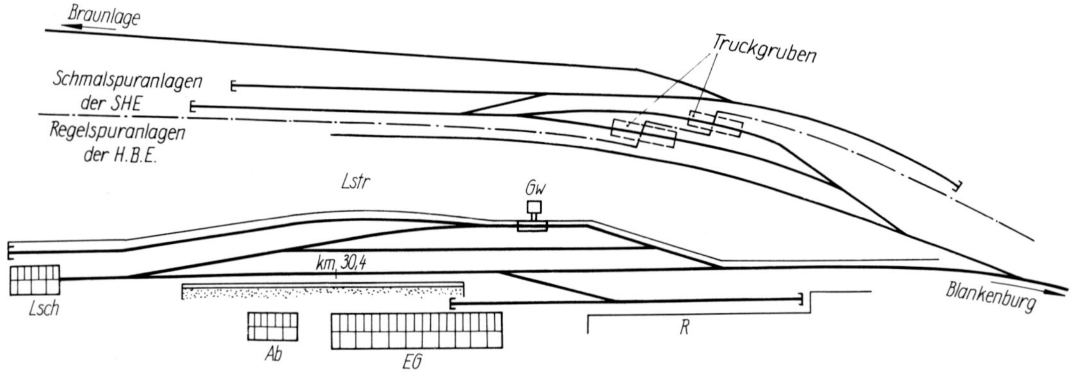

**Bahnhof Tanne mit den Anlagen der Südharz-Eisenbahn (1912).
Archiv Rbd Magdeburg**

**Bahnhof Drei Annen Hohne mit den Anlagen der Harzquerbahn (1911).
Archiv Rbd Magdeburg**

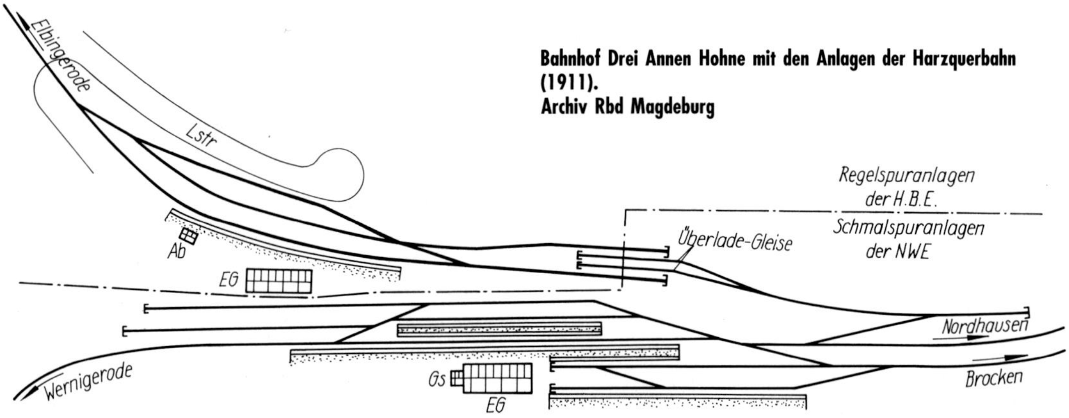

26

Bedeutende Ereignisse

1863–1867	Das Bankhaus J. L. Eltzbacher & Co Köln und Amsterdam kauft die Eisenwerke in Zorge, Tanne, Rübeland, Neuwerk, Altenbrak, die Maschinenfabrik in Zorge, die Marmormühle in Rübeland sowie die Eisengrubenfelder Zorge, Tanne und Hüttenrode.
1868	Der braunschweigische Landtag bewilligt eine Subvention von 250 000 Taler für den Bau einer Eisenbahn von Blankenburg nach Halberstadt.
15. 1. 1870	Staatsvertrag zwischen dem Herzogtum Braunschweig und dem Königreich Preußen wegen Herstellung einer Eisenbahn von Halberstadt nach Blankenburg.
18. 1. 1870	Das Bankhaus Eltzbacher verpflichtet sich in einem Vertrag mti der braunschweigischen Staatsregierung, die Halberstadt-Blankenburger Eisenbahngesellschaft (H. B. E.) zu bilden.
29. 6. 1870	Baubeginn der Eisenbahn nach Halberstadt auf braunschweigischem Gebiet.
15. 11. 1870	Das Bankhaus Eltzbacher und die braunschweigischen Berg- und Hüttenwerke gründen die Aktiengesellschaft Harzer Werke zu Rübeland und Zorge. Stammkapital 1,2 Mio. Taler.
1872–1875	Bau des Hochofenwerkes in Blankenburg.
1872	Bau der Erzstufenbahn zwischen den Harzer Werken und dem Hüttenroder Grubenfeld.
4. 10. 1872	Vertrag zwischen der H. B. E. und der Magdeburg-Halberstädter Eisenbahn über Mitbenutzung des Halberstädter Bahnhofes durch die Eisenbahn von Blankenburg.
3. 7. 1875	Landes- und bahnpolizeiliche Abnahme der Hochofenbahn.
1877	Die als Vollbahn betriebene Bahnlinie nach Halberstadt wird in eine Sekundärbahn umgewandelt.
1. 9. 1880	Betriebseröffnung auf der Strecke Langenstein–Derenburg der H. B. E. Für den Bau dieser Eisenbahn haben die Stadt Derenburg 45 000 und die Zukkerfabrik Försterling & Co 25 000 Mark als Subvention zugeschossen.
1881	Die Lokomotive LANGENSTEIN und

die Personenwagen 102, 103 und 107 werden von Rübölbeleuchtung auf Gasbeleuchtung System Pintsch umgebaut. Die Lokomotive DERENBURG wird bereits mit Gasbeleuchtung bezogen.

8. 4. 1883 Die Generalversammlung der H. B. E. beschließt auf Vorschlag des Verwaltungsrates einstimmig, die Eisenbahn über Blankenburg hinaus über Hüttenrode, Rübeland, Elbingerode, Rothehütte bis Tanne etwa 27 km zu verlängern. Das Unternehmen ist mit 3,5 Mio. Mark veranschlagt.

27./30. 6. 1884 Staatsvertrag zwischen Preußen und Braunschweig wegen Herstellung einer Eisenbahn von Blankenburg über Elbingerode nach Tanne und von Braunschweig über Derenburg nach Seesen.

Aug. 1884 Baubeginn der Harzgebirgsbahn unter der Leitung von Albert Schneider.

20. 12. 1884 Der Regentschaftsrat des Herzogtums Braunschweig erteilt die Konzession betreffend den Bau und Betrieb der auf das braunschweigische Gebiet fallenden Strecken einer Eisenbahn untergeordneter Bedeutung von Blankenburg über Rübeland nach Tanne für die H. B. E.

4. 2. 1885 Das Herzogliche Eisenbahn-Kommissariat teilt die Bedingungen mit, „unter welchen die Anwendung des Abt'schen Systems, insbesondere die projectierte Oberbau-Construction für die gemischte Zahnrad- und Adhäsionsbahn Blankenburg–Tanne zugelassen sein dürfte".

21. 2. 1885 Mit Verfügung Nr. 89 fordert das Eisenbahn-Kommissariat aufgrund der Neuheit des Abtschen Systems eine wenigstens 1 km lange Probestrecke. Das System Abt ist zur probeweisen Ausführung zugelassen.

20. 4. 1885 Der preußische Staat erteilt die Konzession für den Bau und Betrieb der Harzbahn auf seinem Territorium.

20. 8. 1885 Das Eisenbahn-Kommissariat genehmigt die Konstruktion des Oberbaues, die Anwendung des Abtschen kombinierten Adhäsions- und Zahnstangen-Systems nebst den „eigenthümlichen Zahnstangeneinfahrten" und der dazugehörigen Zahnradlokomotiven zur endgültigen Verwendung auf der ganzen Bahnstrecke.

6. 10. 1885 Das Herzoglich Braunschweigische Eisenbahnkommissariat erläßt „Vorschriften für den Betrieb auf der kombinierten Adhäsions- und Zahnradbahn Blankenburg-Tanne für reine Güterzüge, eventuell für gemischte Züge".

31. 10. 1885 Bahn- und landespolizeiliche Abnahme der Strecke Blankenburg–Hüttenrode–Rübeland. Die Eröffnung des Betriebes für den Güterverkehr ab 1. November 1885 wird genehmigt.

Die Harzbahn wird abteilungsweise eröffnet:

1. 11. 1885 bis Rübeland
1. 5. 1886 bis Elbingerode
1. 6. 1886 bis Rothehütte
15. 10. 1886 bis Tanne.

27. 4. 1886 Das Herzoglich Braunschweigische Eisenbahn-Kommissariat erläßt „Besondere Vorschriften für die bevorstehende Einführung des reinen Personenverkehrs".

7. 3. 1887 Inbetriebnahme der Neuwerker Industriebahn.

1889 Die Deutsche Bank führt die Aktien der H. B. E. an der Börse ein.

1. 10. 1892 Der Herzoglich Braunschweigische Geheime Baurat Albert Schneider tritt in den Ruhestand. Die Direktionsgeschäfte übernimmt der königliche Regierungsbaumeister Werner Glanz.

1894 Anlage eines Seitengleises von 120 m nutzbarer Länge auf der Kopfstation Bast-Michaelstein, um das Kreuzen von Zügen zu ermöglichen. Bis dahin war das Kreuzen zwischen Blankenburg und Hüttenrode nur in Braunesumpf möglich.

1896 Erweiterung der Wasserstation in Blankenburg und Anlage einer Rohrleitung nach dem Thieteiche.

28. 10. 1897 Infolge vorschriftswidriger Rangierbewegung durch das Personal der Harzer Werke gerät ein beladener Erzwagen auf der Station Braunesumpf in Bewegung und läuft zur Station Bast. Der

Wagen entgleist und wird bis auf die Achsen vollständig zertrümmert.

1898 Einrichtung der Haltestelle Garkenholz als Zugkreuzungsstation durch Herstellung eines Kreuzungsgleises von 108 m Länge.

1899 Anlage einer neuen Drehscheibe mit einem Durchmesser von 16,076 m auf Bahnhof Blankenburg.

Aug. 1899 Zwischen der Südharz-Eisenbahngesellschaft und der H. B. E. wird ein „Übereinkommen betreffend die Mitbenutzung des Bahnhofs Tanne und Übergabe bzw. Übernahme von Gütern und Wagen im Verkehr mit den Stationen der Südharzbahn auf Station Tanne" abgeschlossen.

1900 Betriebseröffnung auf der Strecke Derenburg–Minsleben der H. B. E.

1902 Auf den Harzbahnstationen Westend, Braunesumpf, Hüttenrode, Rübeland, Elbingerode und Rothehütte werden für die Abzweigung vom Hauptgleis Entgleisungsweichen eingebaut, die in Abhängigkeit von den Abzweigungsweichen eine unbedingte Sicherheit gegen das Ablaufen von Fahrzeugen nach dem Hauptgleise und damit eine Erhöhung der Betriebssicherheit schaffen.

1902 Das Abtsche Zahnradsystem wird überprüft, inwieweit es für Kriegsbahnen geeignet ist. Die Gesellschaft vermerkt: „In Gegenwart des Chefs des Großen Generalstabes Sr. Excellenz Graf von Schlieffen sowie zahlreicher Herren des Kriegsministeriums befuhr ein Zug von 135 to die Versuchsbahn mit vollem Erfolg. Das System ist den Anforderungen der Kriegsbahnen gewachsen."

1903 Zwei Zahnradlokomotiven, zwei Personenwagen und 14 Güterwagen werden mit der schnellwirkenden Saugluftbremse System Hardy ausgerüstet, um durch Versuchsfahrten die Wirksamkeit und Anwendbarkeit dieser Bremse erproben zu können.

29. 5. 1904 Probefahrten mit der Saugluftbremse auf der Gebirgsbahn in Gegenwart von Mitgliedern des Unterausschusses des Vereins deutscher Eisenbahnverwaltungen und weiterer Teilnehmer zur Prüfung der Frage „Einführung der Bremse".

28. 9. 1905 Der König von Preußen erteilt die Konzession für den Bau und Betrieb einer normalspurigen Nebenbahn von Blankenburg nach Quedlinburg mit Abzweigung nach Thale und einer solchen vom Wechsel nach Drei Annen Hohne.

1906/1907 Umbau des Bahnhofs Blankenburg. Neben Gleisumbauten werden ein ringförmiger Lokomotivschuppen für 20 Lokomotiven, ein Güterschuppen, zwei Stellwerke und ein Dienstgebäude errichtet. Vollständige Fertigstellung zum 1. Juli 1907.

1. 5. 1907 Betriebsaufnahme auf der 4,16 km langen Strecke Elbingerode–Drei Annen Hohne.

30. 6. 1907 Betriebsaufnahme auf der Strecke Blankenburg–Thale.

4. 4. 1908 Betriebsaufnahme auf der Strecke Thale–Quedlinburg. Länge der Gesamtstrecke Blankenburg–Thale–Quedlinburg 21,46 km.

1908 Die Betriebsmittel werden bis auf drei Lokomotiven mit der Saugluftbremse Hardy ausgerüstet. Die Bremse wird auf sämtlichen Strecken in Betrieb genommen.

1908 Um eine dichtere Zugfolge zu erreichen, wird am Übergang der neuen Halberstädter Straße zwischen km 2,1 und 2,3 der Harzzahnradbahn die Kreuzung Regenstein eingerichtet.

29. 4. 1910 Albert Schneider stirbt in Bad Harzburg.

13. 4. 1910 Die Direktion der H. B. E. erläßt wesentliche „Änderungen in der Betriebsweise auf der Harzzahnrad-Eisenbahn Blankenburg–Tanne".

1910 Einige Wagen werden probeweise mit Gasglühlichtbeleuchtung System Pintsch ausgerüstet.

1911 Zwischen Elbingerode und Rothehütte hinter der Wechselstation wurde für das neu zu errichtende Werk der Hornberger Kalkwerke zu Elbingerode ein Anschlußgleis hergestellt.

31. 12. 1911 Auf Bahnhof Drei Annen Hohne wird der seit 1907 zurückgestellte Bau des Anschlusses an die Nordhausen-Wernigeröder Eisenbahn fertiggestellt.

1913 Die Halberstadt-Blankenburger Eisenbahngesellschaft bewertet ihre Anlagen. Wertumfang: 16 714 837 Mark.

1914 Ausrüstung der Lokomotiven mit Kesselspeisewasservorwärmern. Ausrüstung von drei Tenderlokomotiven mit dem Rauchrohrüberhitzer Bauart Schmidt.

1. 9. 1915 Bahndirektor Werner Glanz stirbt. Glanz fungierte 23 Jahre als Vorsitzender der Direktion.

22. 2. 1917 Bei Borsig in Berlin-Tegel wird eine Heißdampf-Tenderlokomotive der Achsanordnung 1'E 1' in Auftrag gegeben. Am 7. Juli 1917 wird die zweite Lok bestellt.

1919 Die Strecke Derenburg–Minsleben wird stillgelegt. 1934 erfolgt der Abbau der Strecke.

1919 Auf der Zahnstangenstrecke zwischen km 15,1 und 15,8 wird die Zahnstange beseitigt.

12. 3. 1920 Antrag der H. B. E. an das Staatsministerium Braunschweig, die ständige Verwendung der 1'E 1'-Lokomotiven zu genehmigen.

9. 5. 1920 Die Arbeiter und Angestellten der H. B. E. treten in den Ausstand, um die Gleichstellung ihrer Löhne und Gehälter mit denen der Beschäftigten der Staatseisenbahn zu erreichen.

20. 6. 1921 Gründung der Tochtergesellschaft „Blankenburger Eisenbahn-Bedarfs- und Maschinenfabrik G. m. b. H." Bema. Stammkapital 500 000 Mark.

1921 Der Lothringen-Konzern Bergbau A. G. erwarb 40 % des gesamten Aktienkapitals der H. B. E. 1925 verkaufte der Konzern diesen Anteil an die „Allgemeine Lokalbahn- und Kraftwerke A.G. Berlin".
Die Bahn verfügt über 22 Lokomotiven, davon vier Maschinen der TIERKLASSE, etwa 900 Güterwagen und 75 Personenwagen.

1922 Die H. B. E. tritt als eine der letzten deutschen Privatbahnen dem Deutschen Wagenverband (DWV) bei und stellt ihre Güterwagen in den Park der DRG ein.

5. 12. 1924 Die H. B. E. gründet mit der Anhaltischen Landeseisenbahngemeinschaft die „Harz-Kraftfahrzeuglinien der Ostharzbahnen G. m. b. H. (H. K. O.)". Die Gesellschaft hat ihren Sitz in Blankenburg und unterhält die Betriebsstellen Harsleben, Harzgerode, Eisleben mit Reparaturwerkstatt, Quedlinburg und Blankenburg.
Folgende Linien werden betrieben:
Halberstadt–Harsleben
Harzgerode–Schielo
Harzgerode–Neudorf–Hayn–Schwenda
Eisleben–Helbra–Mansfeld–Hettstedt
Eisleben–Siersleben–Hettstedt
Hettstedt–Bräunrode
Stadt-Omnibus-Verkehr Quedlinburg.

15. 11. 1926 Die H. B. E. stellt an das Reichsverkehrsministerium den Antrag, die Nebenbahn von Blankenburg nach Thale durch eine Seilschwebebahn vom Bahnhof Thale-Bodetal über die Roßtrappe nach dem Hexentanzplatz fortführen zu dürfen. Das Reichsverkehrsministerium stimmt zu, doch der Preußische Minister für Handel und Gewerbe lehnt ab, da der im Bereich des Staatsforstes Thale liegende Teil des Bodetales zum Naturschutzgebiet erklärt wurde.

3. 10. 1928 Fahrversuch des schienengebundenen Raketenwagens von Max Vallier auf der Strecke Blankenburg–Börnecke. Das Raketenfahrzeug wurde in den Blankenburger Eisenbahnwerkstätten hergestellt, der Raketenantrieb in Silberhütte. Abmessungen: Länge 6 m, Radstand 5 m. Masse 275 kg.
Versuchsergebnisse: erste Fahrt 12 s, 800 m, 60 km/h, 25 Raketen gezündet; zweite Fahrt 2,4 s, 170 m, 253 km/h, 36 Raketen gezündet.

11. 7. 1932 Erneuter Antrag an den Reichsverkehrsminister zum Bau einer Seilschwebebahn von der Roßtrappe zum Hexentanzplatz. Ein Modell der Seilbahn wird dem Oberpräsidenten der Pro-

vinz Sachsen sowie weiteren Herren des Landrates, der Stadt Thale, des Harzclubs etc. vorgeführt. Der Antrag wird auch diesmal nicht genehmigt, so daß die H. B. E. das Vorhaben endgültig zu den Akten legt.

1. 5. 1933 Dr.-Ing. h. c. Roman Abt verstirbt in Luzern im Alter von 83 Jahren.

1. 9. 1946 Die H. B. E. wird mit allen Betriebsteilen unter ausschließliche Verwaltung von Sachsen-Anhalt gestellt.
Diesem Erlaß des Präsidenten von Sachsen-Anhalt ging die Enteignung und Überführung des Betriebes in das Eigentum von Sachsen-Anhalt voraus.

15. 12. 1946 Der Eisenbahnbetrieb der H. B. E. wird auf Weisung der Provinzialregierung Sachsen-Anhalt der neugegründeten „Sächsischen Provinzbahnen G. m. b. H. unterstellt.

11. 1. 1947 Die H. B. E. erhebt Einspruch gegen die Enteignung.

1. 1. 1950 Übernahme der Halberstadt-Blankenburger Eisenbahngesellschaft durch die Deutsche Reichsbahn.

Ende 1957 Inbetriebnahme der neuen Erzverladung in Blankenburg bei Westend mit einem Anschluß von der freien Strecke.

1958 Das Chemieprogramm der DDR wird beschlossen. Zur Sicherung der Kalktransporte ergibt sich als Folgevorhaben das Investvorhaben Rübelandbahn.

März 1963 Beginn der Elektrifizierungsarbeiten auf der Rübelandbahn.

Oktober 1965 Zum Fahrplanwechsel wird die Verbindungskurve bei Halberstadt dem Betrieb übergeben.

1. 8. 1966 Der volle, nicht unterbrochene elektrische Zugbetrieb einschließlich des Reisezugdienstes wird aufgenommen.

1. 1. 1969 Der Streckenabschnitt Königshütte–Tanne wird stillgelegt. Das Gleis ist am 24. Juni 1974 abgebaut.

15. 11. 1968 Stillegung der Strecke Langenstein–Derenburg. Das Gleis ist im Januar 1972 abgebaut.

1. 6. 1969 Einstellung des Reiseverkehrs auf dem Streckenabschnitt Quedlinburg–Thale-Bodetal.

31. 5. 1970 Auf der Strecke Blankenburg–Halberstadt wird der Wendezugbetrieb eingeführt. Zum Einsatz kommen Triebfahrzeuge der Baureihe 110 (heute: 201) und Doppelstockwagenzüge mit Steuerabteil.

1970/1971 sowie 1973 Das LEW Hennigsdorf erprobt im Bahnbetriebswerk Blankenburg an einer Lok der Baureihe 211 (25 kV 50 Hz) im planmäßigen Reisezugdienst das neu entwickelte Thyristorhochspannungsschaltwerk LNSW 11.

19. 3. 1973 Einstellung des Reiseverkehrs auf der Strecke Blankenburg–Thale-Bodetal.

24. 10. 1973 Inbetriebnahme des neuen Anschlußgleises zu den Harzer Werken, ausgehend vom Bahnhof Blankenburg.

Oktober 1980 Meßwagenfahrten mit der 110 156 und der 110 161 auf dem Abschnitt Blankenburg–Hüttenrode zur Erprobung neu entwickelter Strömungswendegetriebe.

9. 4. 1985 Probefahrten mit Güterzügen zwischen Blankenburg und Rübeland. Anstelle einer Ellok der Baureihe 251 (heute: 171) wurden zwei Loks der Baureihe 118 (heute: 228) eingesetzt. Somit befanden sich vier Diesellokomotiven an einem Zug. Grund: Ausarbeitung eines Havariedokuments für einen Störfall im elektrischen Netz.

30. 6. 1993 Der letzte Güterzug Üa 69581 verkehrt von Blankenburg nach Thale/Roßtrappe. Die absolute Verkehrssperre nach Thale/Roßtrappe tritt am 9. 1. 1994 in Kraft.

1. 7. 1993 Das Bahnbetriebswerk Blankenburg (Harz) wird als Außenstelle dem Bahnbetriebswerk Halberstadt zugeordnet.

9./10. 4. 1994 Der Preußenzug der Braunschweigischen Landeseisenbahnen (BLME) verkehrt mit jeweils vier Zugpaaren zwischen Blankenburg und Thale/Roßtrappe.

27 Quellenverzeichnis

Archivalien

Statut der Halberstadt-Blankenburger Eisenbahngesellschaft. Braunschweig, den 18. Januar 1870

Gesetz- und Verordnungs-Sammlung Nr. 12
Braunschweig, den 31. Januar 1870
Verordnung, die Publikation des Vertrages mit der Krone Preußen wegen Herstellung einer Eisenbahn von Halberstadt nach Blankenburg betreffend

Concessions- und Bestätigungsurkunde für die Halberstadt-Blankenburger Eisenbahngesellschaft d. d. Braunschweig,
16. April 1870 wegen Herstellung einer Eisenbahn von Halberstadt nach Blankenburg

Eisenbahn-Verordnungs-Blatt
herausgegeben im königlichen Ministerium der öffentlichen Arbeiten, Nr. 5/1885
Staatsvertrag zwischen Preußen und Braunschweig wegen Herstellung einer Eisenbahn von Blankenburg über Elbingerode nach Tanne und von Braunschweig über Derenburg nach Seesen. Vom 27./30. Juni 1884

Concessions-Urkunde
betreffend den Bau und Betrieb der auf das Braunschweigische Gebiet fallenden Strecken einer Eisenbahn untergeordneter Bedeutung von Blankenburg über Rübeland und Elbingerode nach Tanne für die Halberstadt-Blankenburger Eisenbahngesellschaft. Braunschweig, den 20. Dezember 1884

Concessions-Urkunde
für die Halberstadt-Blankenburger Eisenbahngesellschaft betreffend den Bau und Betrieb der auf das Preußische Staatsgebiet fallenden Strecken einer Eisenbahn von Blankenburg über Rübeland und Elbingerode nach Tanne.
Berlin den 20. April 1885

Urkunde des königlich bayr. Notars Ulrich Huth zu Würzburg vom 4. Januar 1886, Geschäfts-Register Nr. 10
Betreff: Cessionsvertrag zwischen Herrn Roman Abt, Oberingenieur in Bünzen und der Halberstadt-Blankenburger Eisenbahngesellschaft

Urkunde des königlich bayr. Notars Ulrich Huth zu Würzburg vom 4. Januar 1886, Geschäfts-Register Nr. 11
Betreff: Erklärung des Roman Abt, Oberingenieur, früher in Paris nun in Bünzen, wegen Cession seines Patentes Nr. 24059 an die Halberstadt-Blankenburger Eisenbahngesellschaft

Akten der Halberstadt-Blankenburger Eisenbahngesellschaft im Archiv der Reichsbahndirektion Magdeburg mit den Archivsignaturen des Bestandes Kleinbahnen.

Bücher

Barkhausen, Blum, Borries: Der Eisenbahnbau der Gegenwart. Wiesbaden, C. W. Kreidel's Verlag 1897

Bäzold/Fiebig: Elektrische Lokomotiven. transpress Verlagsgesellschaft mbH, Berlin 1992

Brüning, K.: Der Bergbau im Harze und im Mansfeldschen. Untersuchungen zu einer Wirtschaftsgeographie der Harzer Rohstoffe, Verlag von Georg Westermann, Braunschweig/Hamburg 1926

Dörschel, W.: Eisenbahntransport und Naturbedingungen. Eisenbahn-Jahrbuch 1963, transpress VEB Verlag für Verkehrswesen, Berlin

Gebhardt, H.: Die Reichsbahndirektion Magdeburg. Eisenbahn-Jahrbuch 1968, transpress VEB Verlag für Verkehrswesen, Berlin

Glanz, W.: 25 Betriebsjahre der Halberstadt-Blankenburger Eisenbahn. Verlag von H. Woldag, Bad Harzburg 1898

Hefti, W.: Zahnradbahnen der Welt, Birkhäuser Verlag, Basel und Stuttgart 1971

Hoff, Kumbier, Anger: Das deutsche Eisenbahnwesen der Gegenwart. Verlag von Reimar Hobbing, Berlin 1923

Jansen, Lauber, Melcher: Die Preußische T 20. Arbeitsgemeinschaft Lokrundschau e. V. Hamburg 1978

Kloos, J. H.: Die Hermannshöhle und ihre Ausfüllungen. In geologischer Beziehung untersucht und dargestellt. Verlag der Deutschen Photographischen Zeitung K. Schwier, Weimar 1889

Messerschmidt, W.: Zahnradbahnen gestern – heute in aller Welt. Franckh'sche Verlagsbuchhandlung, Stuttgart 1972

Spranger, F.: Über Zahnradbahnen. Eisenbahn-Jahrbuch 1968, transpress VEB Verlag für Verkehrswesen, Berlin

Spranger, F.: Die elektrischen Inselbetriebe der Deutschen Reichsbahn. Eisenbahn-Jahrbuch 1971, transpress VEB Verlag für Verkehrswesen, Berlin

Stegemann: Das Wirtschaftsleben des Harzgebietes. Herausgegeben von der Vereinigung für staatswissenschaftliche Fortbildung, Berlin 1911

Zeitschriften

Abraham, E.: Die Beeinflussung der Sprengarbeiten in Abbau-Betrieben durch elektrisch betriebene Eisenbahnen (dargestellt am Beispiel der Harzer Rübelandbahn). Deutsche Eisenbahntechnik Heft 4/1968

Born, E.: 75 Jahre Halberstadt-Blankenburger Eisenbahn. Verkehr und Technik, Heft 11/1948

Büte: Skizzen und Hauptdimensionen, Gewichte etc. von den Lokomotiven der Wiener Weltausstellung. Organ 1873, Seiten 154–155

Fairholme, Charles: Anwendung der Heberlein-Bremse für Gebirgsbahnen. Glasers Annalen Nr. 212/1886

Fiebig, G.: Die 1'E1'h2-Güterzugtenderlokomotive der BR 95. Der Modelleisenbahner, Heft 3/1976

Fiebig, G.: Die 1'E1'h2-Tenderlokomotive der ehemaligen HBE (später BR 95^{66} der DR). Der Modelleisenbahner, Heft 4/1976

Fiebig, G.: Die Rübelandbahn. Der Modelleisenbahner, Heft 1/1978

Frank, A.: Die Leistungsfähigkeit und das Verhalten der Lokomotiven für gemischte Zahnstangen- und Reibungsbahnen nach Abt's System, Zeitschrift des Vereins deutscher Ingenieure, Nr. 18/1887

Glanz, W.: Die Lokomotiven der Vereinigten Reibungs- und Zahnstangenbahn Blankenburg–Tanne und die beim Betriebe gemachten Erfahrungen. Organ für die Fortschritte des Eisenbahnwesens in technischer Beziehung, 1887, Seite 189

Glanz, W.: Erfahrungen im Betriebe mit der durchgehenden Güterzugbremse System Hardy. Die Lokomotive, 7. Jahrgang 1910, Seiten 155–159, 10. Jahrgang 1913, Seiten 209–212

Hammer, G.: Die neuen Lokomotiven der Halberstadt-Blankenburger Eisenbahngesellschaft. Glasers Annalen Nr. 1079/1922

Holfert, W.: Erprobung der 50 Hz-Gleichrichterlokomotive E 251 001 auf einer Strecke der Bulgarischen Staatsbahn (BDZ). Deutsche Eisenbahntechnik, Jahrgang 13, Heft 11/1965

Hubert, W.: Neuere Heißdampf-Tenderlokomotiven der Deutschen Reichsbahn. Hanomag Nachrichten, Heft 122/1923

Jungbecker: Der eiserne Oberbau der Bergisch-Märkischen Eisenbahn. Glasers Annalen Nr. 139, 1. 4. 1883

Kaiser, H.: Elektrische Lokomotiven auf Steilrampen. Der Eisenbahningenieur, Heft 10/1958
Kilz, H.: 90 Jahre Eisenbahn Halberstadt–Blankenburg (Harz). Der Modelleisenbahner, Heft 3/1964
Kuntzemüller, A.: Die Höllentalbahn im Schwarzwald. Archiv für Eisenbahnwesen 1937, S. 327–356
Lavezzari: Die Streckenverlegung der Halberstadt-Blankenburger Eisenbahngesellschaft. Verkehrstechnik, Heft 39a/1930
Lavezzari: Ein bewährter Leichtmetall-Triebwagen. Verkehrstechnik, Heft 3/1939
Messerschmidt, W.: 160 Jahre Zahnradbahnen. Eine entwicklungsgeschichtliche Betrachtung zum Jubiläum der Rigi-Bahn in der Schweiz. Eisenbahntechnische Rundschau, Heft 10/1971
Metzeltin, W.: 1E1-Heißdampflokomotive, Type T 20, der Deutschen Reichsbahn. Hanomag Nachrichten, Heft 131, Sept. 1924
Michel, O.: Die elektrischen Lokomotiven von 50 Hz der Höllental- und Dreiseenbahn. Elektrische Bahnen, Heft 3/4, März/April 1937
Neumann, E.: Die neuen 1 D1-Lokomotiven der Halberstadt-Blankenburger Eisenbahn. Verkehrstechnik 39/1928
Nordmann: Der Eisenbahnbetrieb auf Steilrampen mit Zahnrad- und Reibungs-Lokomotiven. Organ 3/1924, 4/1924
Ohse: Die Betriebsmittel der Halberstadt-Blankenburger Eisenbahn. Verkehrstechnik, Heft 44/1930
Rösel, W.: Die Rübelandbahn. Eisenbahnpraxis, Heft 1/1966
Schneider, A.: Die Zahnradeisenbahn und ihre Anwendung auf den Harz. Glasers Annalen Nr. 153/1883. Vortrag, gehalten im Verein für Eisenbahnkunde am 9. 10. 1883
Schneider, A.: Die kombinierte Adhäsions- und Zahnradeisenbahn von Blankenburg am Harz nach Tanne. Glasers Annalen Nr. 198/1885
Schneider, A.: Die Zahnrad-Eisenbahn und ihre Anwendung auf den Harz. Glasers Annalen 1889. Vortrag, gehalten im Verein für Eisenbahnkunde in Berlin am 10. 9. 1889
Schneider, A.: Erfahrungen im Betrieb der Zahnradbahnen. Zeitung des Vereins Deutscher Eisenbahnverwaltungen, Jahrgang 1894, Nr. 23, 26 und 27 (Fachzeitung)
Spranger, F.: Die Rübelandbahn. Der Modelleisenbahner, Heft 4/1970
Steinhoff und Kettler: Ein neuer Leichtmetall-Diesel-Triebwagen mit mechanischer Kraftübertragung bei der Halberstadt-Blankenburger Eisenbahn. Sonderdruck aus Verkehrstechnik, Jahrgang 1928, Heft 28a
Steinhoff und Kettler: Wirtschaftliche Betriebsführung mit Triebwagenzügen der Bauart „Blankenburg". Verkehrstechnik 1932, S. 679
Tell: Erprobung und versuchsmäßiger Betriebseinsatz der E 251 für die Rübelandbahn. Als Manuskript gedruckt. In: Mitteilungen der Versuchs- und Entwicklungsstelle für die Maschinenwirtschaft der Deutschen Reichsbahn Halle (Saale) Heft 2/1968
Wohllebe, E: Reibungslokomotiven auf Zahnradstrecken, 1E1-Einheits-Tenderlokomotiven der DRB. Zeitschrift des Vereins Deutscher Ingenieure 1933 S. 904
Warnecke: Die Umgebung des Bielsteintunnels bei der Elektrifizierung der Rübelandbahn. Deutsche Eisenbahntechnik. Heft 10/1964
Weber, H., und Brechler, H.: Eine leistungsstarke 50 Hz-Gleichrichterlokomotive (E 211) aus dem VEB Lokomotivbau-Elektrotechnische Werke „Hans Beimer" Hennigsdorf, Deutsche Eisenbahntechnik, Heft 3/1966

Zeitungen

Albert Schneider: Beiträge zu dem Baue einer Eisenbahn in den Harz. Vortrag des Bahndirektors Albert Schneider im Architekten- und Ingenieurverein, Braunschweiger Tageblatt vom 1. 11. 1882
Die Besichtigung der Zahnradbahn durch das Regentenpaar.
Blankenburger Kreisblatt vom 24. 10. 1907
Werner Glanz: Präsident Roman Abt – Luzern.
Beilage zum Blankenburger Kreisblatt, Sonntag 5. Februar 1911
Versuchsfahrten mit der Luftsauge-Güterzug-Schnellbremse, Blankenburger Kreisblatt 1923 Nr. 75; 78; 82; 84
Winnig: 50 Jahre Eisenbahn. Blankenburger Kreisblatt 1923 Nr. 75, 78, 82, 84
Die Jubiläumsfeier der Halberstadt-Blankenburger Eisenbahn. Blankenburger Kreisblatt 1931 Nr. 37
Der neue Schienenweg Hüttenrode–Rübeland.
Blankenburger Kreisblatt 1931 Nr. 37
Blankenburgs älteste Eisenbahn. Blankenburger Kreisblatt vom 1. 10. 1938